高等学校规划教材·计算机实用软件应用系列教程

Dreamweaver CS3 网页制作

主　编　曹　岩　陈　桦

副主编　房亚东　杜来红

编　者　房亚东　杜来红　杜　江

　　　　白　瑀　曹　森　杨丽娜

　　　　谭　毅　杨红梅

西北工业大学出版社

【内容简介】Adobe Dreamweaver 是一款专业的网页制作工具。它与 Flash、Fireworks 合在一起被称为网页制作三剑客，这三款软件相辅相成，是制作网页的最佳选择。本书从使用者的角度出发，系统深入地介绍 Dreamweaver CS3 的功能和使用，主要包括网页设计基础、Dreamweaver CS3 入门、站点的创建和管理、页面属性和文本设置、图像和图像对象、超链接、表格的操作、框架和框架集、布局对象、表单、插入多媒体和其他元素、CSS 样式、行为和特效操作、模板和库、站点的测试和发布以及 Dreamweaver 中的其他操作，在此基础上列举了一些个人网站制作综合实例和生产指挥管理系统静态页面设计综合实例等。

本书内容全面，循序渐进，以图文对照的方式进行编写，通俗易懂，适合 Dreamweaver 用户全面掌握和提高使用技能，可作为高等学校计算机课程教材，也可供企业、研究机构等从事网页制作的各类人员使用。

图书在版编目（CIP）数据

Dreamweaver CS3 网页制作/曹岩，陈桦主编. —西安：西北工业大学出版社，2010.12
高等学校规划教材·计算机实用软件应用系列教程
ISBN 978-7-5612-2980-4

Ⅰ. ①D⋯　　Ⅱ. ①曹⋯②陈⋯　　Ⅲ. ①主页制作—图形软件，Dreamweaver CS3—高等学校—教材　　Ⅳ. ①TP393.092

中国版本图书馆 CIP 数据核字（2010）第 249925 号

出版发行：西北工业大学出版社
通信地址：西安市友谊西路 127 号　　　　邮编：710072
电　　话：(029) 88493844　88491757
网　　址：www.nwpup.com
电子邮箱：computer@nwpup.com
印　刷　者：陕西兴平报社印刷厂
开　　本：787 mm×1 092 mm　　1/16
印　　张：12.75
字　　数：336 千字
版　　次：2010 年 12 月第 1 版　　　2010 年 12 月第 1 次印刷
定　　价：24.00 元

前　言

Adobe Dreamweaver 是一款专业的网页制作工具。它与 Flash、Fireworks 合在一起被称作网页制作三剑客，这三款软件相辅相成，是制作网页的最佳选择。Dreamweaver CS3 是 Dreamweaver 系列产品的新版本，在原来版本功能的基础上进行了改进和升级，其功能更加强大，界面更友好，操作更方便，也更适合于网页制作和网站管理。无论是创建静态站点还是开发互动程序，Dreamweaver 都是不可忽略的专业工具，它提供简单易用的操作工具，可视化的编辑环境，适用于从个人主页设计到企业站点开发等众多领域的应用。

Dreamweaver 具有完美的操作界面和多种视图模式、简便易行的对象插入功能以及强大的代码编辑功能，通过用模板和库创建具有统一风格的网站，能够创建动态网页；通过用层与时间轴结合创建网页动画；通过使用 css 和 html 样式减少重复劳动；通过内置大量的行为，使其具有强大的网站管理功能。

本书从使用者的角度出发，系统深入地介绍其功能和使用，主要内容如下：

第 1 章　网页设计基础： 介绍 Internet 与 WWW 的概念、网页和网站的定义以及网页中常用术语、网页设计常用工具、建立网站的基本流程等。

第 2 章　Dreamweaver CS3 入门： 介绍 Macromedia Dreamweaver CS3 的特性、新增功能、工作区布局和工作区元素等。

第 3 章　站点的创建和管理： 介绍站点规划过程中网页间关联关系的构建方法和步骤。

第 4 章　页面属性和文本设置： 介绍页面和文本属性的设置方法、文本添加方法、列表的使用方法和文本的缩进、凸出；同时，介绍在操作中应注意的问题。

第 5 章　图像和图像对象： 介绍网页中图像的常用格式和使用方法，说明图像插入、映射和属性设置的方法和过程。

第 6 章　超链接： 介绍超链接的概念及使用，包含相对链接、绝对链接、空链接以及电子邮件链接和锚记链接等。

第 7 章　表格的操作： 介绍表格相关的操作，包括表格的创建、编辑、格式化和排序，同时对表格数据的导入/导出、表格与 AP 元素的转换以及表格的高级属性作了介绍。

第 8 章　框架和框架集： 介绍框架和框架集的概念、创建方法和步骤，文件的保存、编辑和设置的方法及特点。

第 9 章　布局对象： 介绍页面的布局对象、AP 元素的添加、AP 元素的属性设置和操作方法、AP 元素和表格的转换以及标尺、网格和辅助线的设置和显示方法。

第 10 章　表单： 介绍表单和表单元素的特点和使用方法，以及在网页中创建表单和设置表单属性的方法等。

第 11 章　插入多媒体和其他元素： 介绍在 Dreamweaver CS3 中插入多媒体对象和其他

元素的方法。

第 12 章 CSS 样式：介绍 Dreamweaver CS3 中 CSS 层叠样式表的使用方法。

第 13 章 行为和特效操作：介绍 Dreamweaver CS3 的内置行为、使用 Marquee 标签创建页面的特效等。

第 14 章 模板和库：介绍 Dreamweaver CS3 提供的模板和库功能。

第 15 章 站点的测试和发布：介绍站点的测试和发布过程。

第 16 章 Dreamweaver 中的其他操作：介绍创建网站相册、网页内容的管理以及 Dreamweaver CS3 第三方扩展功能等。

第 17 章 个人网站制作综合实例：通过"天天的个人网站"的实例，介绍使用 Dreamweaver CS3 制作网页的方法。

第 18 章 生产指挥管理系统静态页面设计综合实例：通过"生产指挥管理系统静态页面设计"的实例，介绍使用 Dreamweaver CS3 制作网页的方法。

本书内容全面，循序渐进，以图文对照方式进行编写，通俗易懂。适合 Dreamweaver 用户全面掌握和提高使用技能，可供企业、研究机构、大中专院校等从事网页制作的各类人员使用。

全书由西安工业大学曹岩、陈桦任主编；西安工业大学房亚东、西安财经学院杜来红任副主编。其中第 1，2，17，18 章主要由西安工业大学房亚东编写，其余章主要由西安财经学院杜来红编写。其他编写人员还有杜江、白瑀、曹森、杨丽娜、谭毅、杨红梅等。

由于水平所限，错误之处在所难免，希望读者不吝指教，特在此表示衷心的感谢。

编 者

2010 年 10 月

目 录

第1章 网页设计基础 1

1.1 Internet 和 WWW 1
1.2 网页和网站 1
1.3 网页中常用术语 4
1.4 网页设计常用工具 6
1.5 建立网站的基本流程 8
1.6 实例分析 8

第2章 Dreamweaver CS3 入门 10

2.1 Dreamweaver CS3 简介 10
2.2 Dreamweaver CS3 新增功能 11
2.3 Dreamweaver CS3 窗口介绍 12
   2.3.1 工作区布局 12
   2.3.2 工作区元素 13
2.4 基本操作 16
2.5 实例分析 17

第3章 站点的创建和管理 18

3.1 定义本地端站点 18
   3.1.1 创建站点 18
   3.1.2 编辑站点 20
3.2 导出与导入站点 24
3.3 复制和删除站点 24
3.4 创建站点结构 24
3.5 文件面板 25
3.6 使用设计备注 25
3.7 遮盖网站中的文件夹和文件 26
3.8 创建和编辑站点地图 28
3.9 实例分析 30

第4章 页面属性和文本设置 32

4.1 设置页面属性 32
4.2 文本对象 34
   4.2.1 添加普通文本 34

4.2.2 从 MS Office 文档复制和粘贴
         文本 35
   4.2.3 导入文本 36
   4.2.4 插入指向 Word 或 Excel 文档的
         链接 36
4.3 设置文本属性 37
4.4 使用列表 39
4.5 文本的对齐 40
4.6 文本的缩进与凸出 40

第5章 图像和图像对象 43

5.1 网页中的图像格式 43
5.2 插入图像 44
5.3 设置图像的属性 44
5.4 图像映射 45
5.5 插入图像对象 46

第6章 超链接 51

6.1 认识超链接 51
   6.1.1 超链接的概念 51
   6.1.2 URL 概述 52
6.2 设置超链接 53
6.3 锚记链接 55

第7章 表格的操作 58

7.1 创建表格 58
7.2 表格属性 59
7.3 单元格属性 60
7.4 编辑表格和单元格 61
7.5 格式化表格 63
7.6 排序表格 64
7.7 导入与导出表格式数据 65
   7.7.1 导入表格式数据 65
   7.7.2 导出表格式数据 66

7.8　表格转换 AP Div 67
7.9　表格的高级属性 67
7.10　表格的细线操作 69
7.11　表格的嵌套 70

第 8 章　框架和框架集 71
8.1　框架和框架集的概念 71
8.2　创建框架和框架集网页 71
8.3　创建嵌套框架集 73
8.4　保存框架和框架集文件 73
8.5　设置框架集属性 74
8.6　设置框架属性 74
8.7　编辑框架网页 75
8.8　设置浮动框架 76
8.9　设置无框架内容 78

第 9 章　布局对象 79
9.1　模式介绍 79
9.2　设置布局对象中的首选参数 81
9.3　绘制布局表格和布局单元格 82
9.4　AP 元素 85
　9.4.1　添加 AP 元素 85
　9.4.2　建立嵌套 AP 元素 85
　9.4.3　AP 元素属性设置 86
　9.4.4　AP 元素面板 86
　9.4.5　AP 元素的操作 87
　9.4.6　AP 元素转换表格 88
9.5　Spry 构件 89
　9.5.1　Spry 框架介绍 89
　9.5.2　使用 Spry 构件 90
9.6　标尺、网格和辅助线 93

第 10 章　表单 95
10.1　表单与表单元素 95
10.2　在网页中创建表单 95
10.3　在网页中添加表单对象 96
　10.3.1　文本域 96
　10.3.2　文本区域 97
　10.3.3　按钮 98
　10.3.4　复选框 98

10.3.5　单选按钮和单选按钮组 99
10.3.6　列表/菜单 99
10.3.7　文件域 100
10.3.8　图像域 100
10.3.9　隐藏域 100
10.3.10　跳转菜单 100
10.3.11　字段集 101
10.3.12　标签 101
10.4　Spry 验证表单 102

第 11 章　插入多媒体和其他元素 106
11.1　插入标签 106
11.2　插入多媒体对象 108
11.3　插入日期 114
11.4　插入 HTML 对象 114

第 12 章　CSS 样式 117
12.1　CSS 层叠样式表概述 117
12.2　CSS 样式面板 117
12.3　新建样式表和链接样式 121
12.4　CSS 样式规则定义 122
12.5　应用 CSS 样式 125
12.6　Style 自动样式与 html 样式 126
12.7　在“首选参数”中设置 CSS 样式 .. 127

第 13 章　行为和特效操作 130
13.1　行为概述 130
13.2　Dreamweaver CS3 中的行为 131
13.3　添加行为 132
　13.3.1　交换图像 133
　13.3.2　弹出信息 133
　13.3.3　恢复图像交换 134
　13.3.4　打开浏览器窗口 134
　13.3.5　拖动 AP 元素 135
　13.3.6　改变属性 137
　13.3.7　效果 137
　13.3.8　时间轴 141
　13.3.9　显示－隐藏元素 141
　13.3.10　检查插件 141
　13.3.11　检查表单 142

13.3.12 设置导航条图像 142

13.3.13 设置文本 142

13.3.14 调用 JavaScript 144

13.3.15 跳转菜单及跳转菜单开始 ...144

13.3.16 转到 URL 145

13.3.17 预先载入图像 145

13.3.18 其他行为 145

13.4 时间轴动画 148

13.5 编辑行为和删除行为 150

13.6 marquee 效果 150

第 14 章 模板和库 153

14.1 "资源"面板介绍 153

14.2 创建模板 153

14.3 设置模板区域 155

14.4 应用模板 156

14.5 库的创建 158

14.6 管理库项目 159

14.7 利用库项目更新站点 159

第 15 章 站点的测试和发布 161

15.1 站点的测试 161

15.1.1 目标浏览器测试 161

15.1.2 链接的测试 163

15.1.3 链接的修复 163

15.1.4 下载时间和大小的设置 164

15.1.5 使用报告测试站点 164

15.2 其他测试 166

15.3 站点的发布 167

第 16 章 Dreamweaver 中的

其他操作 172

16.1 创建网站相册 172

16.2 网页代码的管理 174

16.3 Dreamweaver 的第三方扩展 175

第 17 章 个人网站制作综合实例 178

17.1 个人站点创建和管理 178

17.2 站点首页的制作 180

17.3 "自我介绍"页面的制作 183

17.4 "我的相册"页面的制作 184

17.5 "故事大王"页面的制作 184

17.6 "爱听的歌"页面的制作 185

17.7 "学习园地"页面的制作 186

17.8 "友情链接"页面的制作 186

第 18 章 生产指挥管理系统静态

页面设计综合实例 188

18.1 系统站点的创建和管理 188

18.2 页面 CSS 样式层叠表文件的编制 ..189

18.3 系统登录页面的设计 189

18.4 人员管理页面的设计 192

18.4.1 框架集文件的建立 192

18.4.2 系统功能页面的设计 192

18.4.3 人员管理主页面的制作 193

18.4.4 logo 页面的制作 195

第1章 网页设计基础

【内容】

本章首先讲解 Internet 和 WWW、网页和网站的定义以及网页中的常用术语，在此基础上对网页设计常用工具进行分析与比较，最后给出建立网站的基本流程。以两个基本 Web 页面为例，说明通过 HTML 标签符构建页面的方法。

【实例】

实例 1-1　Title 的作用。

实例 1-2　本课程第一个页面。

【目的】

通过本章的学习，使读者了解网页设计的基础知识，熟悉网页中的常用术语。掌握利用 HTML 标签符构建页面的基本方法。

1.1　Internet 和 WWW

Internet 又称为"因特网"或国际互联网，它是全球性的、最具有影响力的互联网络，也是世界范围的信息资源宝库。从 Internet 的结构角度看，它是一个使用路由器将分布在世界各地的、数以千万计的计算机网络互连起来的网际网。通俗地讲，Internet 就是许多功能不同的计算机通过线路连接起来组成的一个世界范围的网络。

WWW 是 World Wide Web 的缩写，也可简写为 W3，中文名称叫做"全（环）球信息网"。它的本质是一种基于超级文本技术的交互式信息浏览检索工具，是 Internet 提供的应用最普及、功能最丰富、使用方法最简便的信息服务，用户可以通过它在 Internet 上浏览、编辑、传递超文本格式的文件（即.html 格式文件）。

1.2　网页和网站

1. 网页的定义

网页是由 HTML（超级文本标识语言）或者其他语言编写的，通过 IE 浏览器编译后供用户获取信息的页面，它又称为 Web 页，其中可包含文字、图像、表格、动画和超级链接等各种网页元素。图 1-1 为网页的示例。

根据网页中位置的不同，网页上的信息可归纳为如下几方面：

（1）标题：说明网页的性质和内容。

（2）网站标识(Logo)：放置在页面中的显眼位置，目的是加深浏览者对网站的印象。

（3）页眉：最显眼部分，用来放置网站最希望浏览者看到的内容，包括 Logo 和导航。

（4）导航：网站栏目的索引。

（5）内容：网站的精髓所在。

（6）页脚：网站拥有者的相关信息，如版权、制作时间等信息。

图 1-1　西安工业大学图书馆页面

2．网站的定义

网站（Web Site 或 Site）是一个存放在网络服务器上的完整信息的集合体，它包含一个或多个网页，这些网页以一定的方式链接在一起，成为一个整体，用来描述一组完整的信息或达到某种期望的宣传效果。从广义上讲，网站就是当网页发布到 Internet 上以后，能通过浏览器在 Internet 上访问的页面。根据其主体的性质不同，可划分为政府网站、企业网站、商业网站、教育科研机构网站、个人网站、非赢利机构网站以及其他类型的网站等。

网页包含了很多组成元素，任何一个网站的页面组成都可以归结为以下几类：

（1）文本（Text）：是构成网站的最基本的元素。文本是任一网站的主体，是表达信息的最主要的方式。

（2）图像（Image）：是构成网站的最主要的元素，通过图像和文本的结合可以制作出精彩的网页。

（3）表格（Table）：一些页面上的元素，可能用表格比直接用文本更方便，例如工资列表等信息可以以表格的形式出现。

（4）超链接（Hyperlink）：超链接是站点中页面与页面之间连接的桥梁，设置超链接，通过鼠标单击可以直接转向目标链接。

（5）表单（Form）：表单是实现互动特性的最常见的元素，应用表单可以收集浏览者的信息并与其进行交互。

（6）音频和视频：将多媒体引入网页，可以在很大程度上吸引浏览者的注意，利用多媒体文件可以使网站有声有色。网页中的音频和视频都是通过在网页中插入声音、视频插件来实现的。

（7）动画：在网页中使用动画可以使网页更生动，常见的网页动画包括：gif 动画、Flash 动画和 Java Applet 动画效果。

3．网页的分类

按网页在网站中所处位置的不同可将网页分为主页和子页两类。主页/首页（Homepage）是指个人或机构的基本信息页面，用户通过主页可以访问有关的信息资源，主页通常是用户使用 WWW 浏览器访问 Internet 上的任何 WWW 服务器所看到的第一个页面。网站中除首页外的页面都称之为子页。
如图 1-2 和 1-3 分别为门户网站网页的首页和新闻子页。

图 1-2　门户网站网易首页

图 1-3　门户网站网易新闻子页

　　按网页的表现形式可将其分为静态网页和动态网页。静态网页指网页不论在何时何地浏览，都会
实现相同的画面和内容，且用户只能浏览，不能提供信息给网站，让网站响应用户的需求。静态页面
访问过程如图 1-4（a）所示。动态网页是指利用 ASP，JSP 等技术根据用户的角色和权限，并针对不
同的需求动态地从数据库中获取数据并形成页面，其访问过程如图 1-4（b）所示。

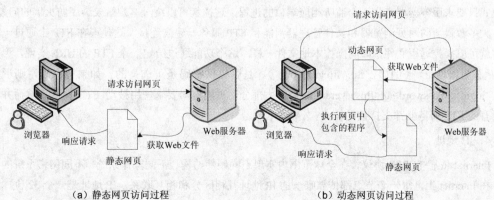

（a）静态网页访问过程　　　　　　　　　　　（b）动态网页访问过程

图 1-4　网页访问过程

1.3　网页中常用术语

1．浏览器

浏览器是用于阅读网页中信息的一种工具软件，就像使用电脑必须安装操作系统一样。常见的浏览器有：Internet Explorer（IE），Netscape Navigator（NN），腾讯浏览器，火狐浏览器（Firefox）和遨游浏览器（Maxthon）等。其中 IE 绑定在 Windows 操作系统之中，故应用最广。近年来，火狐浏览器凭借其完全开源，占用资源少，安全问题少，辅助插件多等优点越来越受到用户的青睐。

2．统一资源定位符（URL）

URL（Uniform Resource Location）主要是用来指定协议（如 HTTP 或 FTP）以及对象、文档、万维网网页或其他目标在 Internet 的位置和存取方式。一个完整的 URL 由三部分组成：通信协议、主机名、所要访问的网页路径及名称（protocol://host.domain/path/filename），如 http://tech.163.com/08/0905/20/4L3SGTC7000915BE.html。统一资源定位符的语法是一般的、可扩展的，它使用 ASCII 代码的一部分来表示因特网的地址。一般统一资源定位符的开始标志着一个计算机网络所使用的网络协议。

大多数网页浏览器不要求用户键入网页"http://"的部分，因为绝大多数网页内容是超文本传输协议文件。同样，80 是超文本传输协议文件的常用端口号，因此一般也不必写明。一般来说用户只要键入统一资源定位符的一部分（如 tech.163.com/08/0905/20/ 4L3SGTC7000915BE.html）就可以了。由于超文本传输协议允许服务器将浏览器重定向到另一个网页地址，因此，许多服务器允许用户省略网页地址中的部分，比如 www。从技术上来说，这样省略后的网页地址实际上是一个不同的网页地址，浏览器本身无法决定这个新地址是否通，服务器必须完成重定向的任务。

3．文件传输协议（FTP）

FTP（File Transfer Protocol）是一种广泛使用的文件传输协议，是快速、高效和可靠的信息传输方法。FTP 是基于客户/服务器模型的 TCP/IP 的应用，所以只要在客户端和服务器之间建立了 TCP/IP 连接，无论两台电脑的位置远近、连接方式的异同以及使用的操作系统的异同，都能通过 FTP 协议进行文件的传输。

FTP 有两种使用模式：主动和被动。主动模式要求客户端和服务器端同时打开并且监听一个端口以建立连接。在这种情况下，客户端由于安装了防火墙会产生一些问题。因此，创立了被动模式。被动模式只要求服务器端产生一个监听相应端口的进程，这样就可以绕过客户端安装了防火墙的问题。

大多数最新的网页浏览器和文件管理器都能和 FTP 服务器建立连接。这使得在 FTP 上通过一个接口就可以操控远程文件，如同操控本地文件一样。这个功能通过给定一个 FTP 的 URL 实现，形如 ftp://<服务器地址>（例如，ftp://ftp.gimp.org ）。是否提供密码是可选择的，如果有密码，则形如 ftp://<login>:<password>@<ftpserveraddress>。大部分网页浏览器要求使用被动 FTP 模式，然而并不是所有的 FTP 服务器都支持被动模式。

4．IP 地址

Internet 依靠 TCP/IP 协议，在全球范围内实现不同硬件结构、不同操作系统、不同网络系统的互联。在 Internet 上，每一个节点都依靠唯一的 IP 地址互相区分和相互联系。IP 地址是一个 32 位二进制数的地址，由 4 个 8 位字段组成，每个字段之间用点号隔开，用于标识 TCP/IP 宿主机。每个 IP 地址都包含两个部分：网络 ID 和主机 ID。网络 ID 标识在同一个物理网络上的所有宿主机；主机 ID 标识该物理网络上的每一个宿主机，于是整个 Internet 上的每个计算机都依靠各自唯一的 IP 地址来标识。

　　IP 地址是一个 32 位二进制数的地址，从理论上讲，大约有 40 亿（2 的 32 次方）个可能的地址组合，这似乎是一个很大的地址空间。实际上，根据网络 ID 和主机 ID 的不同位数规则，可以将 IP 地址分为 A（7 位网络 ID 和 24 位主机 ID）、B（14 位网络 ID 和 16 位主机 ID）、C（21 位网络 ID 和 8 位主机 ID）三类。由于历史原因和技术发展的差异，A 类地址和 B 类地址几乎分配殆尽。目前，能够供全球各国各组织分配的只有 C 类地址，所以说 IP 地址是一种非常重要的网络资源。对于一个设立了因特网服务的组织机构，由于其主机对外开放了诸如 WWW，FTP，E-mail 等访问服务，通常要对外公布一个固定的 IP 地址，以方便用户访问。当然，数字 IP 不便记忆和识别，人们更习惯于通过域名来访问主机，而域名实际上仍然需要被域名服务器（DNS）翻译为 IP 地址。例如，网易的主页地址是 http://www.163.com，用户可以方便地记忆和使用，而域名服务器会将这个域名翻译为 220.181.31.8，这才是其在网上的真正地址。

　　5. 域名

　　域名是互联网的一个基本部分，它是一个组织在互联网上存在的标识。早期美国的域名是由 Internet 注册服务中心进行分配的。国际域名管理机构给域名下了这样的定义：它是一种地址结构，用来识别并设置互联网上的电脑，域名提供了一种易于记忆的互联网地址系统。域名系统（DNS）可以将互联网地址系统转译为网络所使用的数字化地址[互联网协议（IP）数字]。域名是有等级的，它经常可以表达使用域名的实体类型。域名仅仅是代表域的标盘，它是整个域名空间的子集。

　　所以域名就是常说的网址，它也具有唯一性，如百度的网址 www.baidu.com、网易的网址 www.163.com 等就是一个域名，域名由汉语拼音或英文字符加上数字表示。在访问网络时，域名将通过域名服务器转换成 IP 地址，这种转换是在后台完成的。在英文国际域名中，域名可以由英文字母和阿拉伯数字以及横 "－" 组成，最长可达 67 个字符（包括后缀），并且字母的大小写没有区别，每个层次最长不能超过 22 个字母。在国内域名中，三级域名长度不得超过 20 个字。

　　6. 超级链接

　　超级链接是网页中最常用的元素之一，网页就是通过无数的超级链接才能组成一个网站。超级链接可以链接到网站内部页面、对象，也可以链接到其他网站，大大方便了用户在各个页面对象之间实现跳转。网页中的超级链接分为以下三种形式。

- 绝对路径。如：http://blog.163.com/?fromNavigation
- 文档相对路径。如：web/work/my.html
- 站点根目录相对路径。如：/web/CAPP/index.html

　　浏览网页时，鼠标经过某些（带有下画线的）文字的时候，鼠标指针的形状就会发生变化。根据网页设计的不同，可能文本也会发生一些变化，比如出现下画线或下画线消失、文本颜色或字型改变等。这就是提示浏览者 "这里是一个超级链接"。此时，用鼠标单击这个超级链接，就会打开所链接的网页。

　　7. 超级文本标记语言（HTML）

　　HTML（Hyper Text Markup Language）是一种用户与电脑之间进行交流的文本技术，各种网页均是用 HTML 语言来描述的，用 HTML 语言编写的网页文件的扩展名一般为 "*.htm" 或 "*.html"。HTML 是一种规范，一种标准，它通过标记符（tag）来标记要显示的网页的各个部分。一个 HTML

文件是一页文字信息，就像一封电子邮件或一个 word 字处理文档，而且实际上你完全可以使用 Word 字处理软件来编写一个 HTML 网页，也可以通过其他字处理软件编写文本文件，网络浏览器只能处理文本信息。

　　一个 HTML 文件中包含了所有将显示在网页上的文字信息，其中也包括一些对浏览器的指示，如哪些文字应放置在何处，显示模式是什么样的等。如果你还有一些图片、动画、声音或是任何其他形式的资源，HTML 文件也会告诉浏览器到哪里去查找这些资源，以及这些资源将放置在网页的什么位置。通过在网页中添加标记符，告诉浏览器如何显示网页，即确定内容的格式。浏览器按顺序阅读网页文件（HTML 文件），然后根据内容周围的 HTML 标记符解释和显示各种内容。如图 1-5 所示描述的通过标签符来设定网页中标题文字和普通文字的情况。

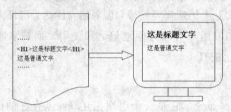

图 1-5　通过 HTML 文件设定网页文字格式

　　在 HTML 中，所有的标记符都是一些字母或单词并用尖括号括起来。例如，<html>、<a>。HTML 标记符是不区分大小写的。<html>、<Html>和<HTML>没有区别。绝大多数标记符都是成对出现的，包括开始标记符和结束标记符。某些标记符，例如
，只要求单一标记符号。开始标记符与结束标记符的区别在于：结束标记符多一个斜杠"/"，属性是用来描述对象特征的特性。

　　在 HTML 中，所有的属性都放置在开始标记符的尖括号里，多个属性之间用空格分开，通常也不区分大小写。例如，可以用字体标记符和字号属性指定文字的大小。<FONT SIZE=1>本行字将以较小的字体显示</FONT>。最基本的 HTML 文档包括：HTML 标记<HTML></HTML>、首部标记<HEAD>和</HEAD>、正文<BODY></BODY>和标题标记<TITLE></TITLE>。

　　（1）<HTML>和</HTML> 是 Web 页的第一个和最后一个标记符，Web 页的其他所有内容都位于这两个标记符之间。这两个标记告诉浏览器或其他阅读该页的程序，此文件为一个 Web 页。

　　（2）首部标记<HEAD>和</HEAD>位于 Web 页的开头，其中不包括 Web 页的任何实际内容，而是提供一些与 Web 页有关的特定信息。

　　（3）<TITLE>和</TITLE>用于定义网页的标题，当网页在浏览器中显示时，网页标题将在浏览器窗口的标题栏中显示。

　　（4）正文标记符<BODY>和</BODY>包含 Web 页的内容。文字、图形、链接以及其他 HTML 元素都位于该标记符内，正文标记符中的文字，如果没有其他标记符修饰，则将以无格式的形式显示。

1.4　网页设计常用工具

　　一般来说可以将网页设计工具分为两类，一种是类似记事本的 HTML 编辑工具，另一种则是可视化网页编辑程序。

1. HTML 编辑器

这一类工具需要对 HTML 代码非常熟悉，编写好后把文件保存成.htm 或.html。常见的有以下工具：

（1）记事本。Windows 自带的小应用程序，该工具可以保存无格式文件。因此，可以把记事本编辑的文件保存为".html"".java"".asp"等任意格式。用 IE 打开任意一个 html 文件，在窗口菜单下查看→源文件子菜单项时，打开的源文件一般用记事本打开。

（2）EditPlus。EditPlus 是一款功能强大的文字处理软件。它可以充分地替换记事本，它也提供网页作家及程序设计师许多强大的功能，支持 HTML，CSS，PHP，ASP，Perl，C/C++，Java，JavaScript，VBScript 等多种语法的着色显示。程序内嵌网页浏览器，其他功能还包含 FTP 功能、HTML 编辑、URL 突显、自动完成、剪贴文本、行列选择、强大的搜索与替换、多重撤销/重做、拼写检查、自定义快捷键等。

（3）UltraEdit。UltraEdit 是一套功能强大的文本编辑器，它可以编辑文字、Hex、ASCII 码，可以取代记事本，内建英文单字检查、C++及 VB 指令突显，可同时编辑多个文件，而且即使开启很大的文件速度也不会慢。软件附有 HTML Tag 颜色显示、搜寻替换以及无限制的还原功能，一般大家喜欢用其来修改 EXE 或 DLL 文件，众多的游戏玩家喜欢用它来修改存盘文件或是可执行文件。

（4）HotDog。该软件是专为网页设计入门者设计的网页编辑器，用户只要选择背景图片，然后建立自己的网站，再上传，就可以简单地做出一个专业级的页面。将一个网页上传到指定站点只需四步：①选择一个自己需要的网页模板；②将文本、图片、声音等页面信息添加到网页上，操作十分简单；③预览已经设置好的页面；④将网页上传到站点。

（5）CuteHTML。一款实用的编辑文本、HTML 和代码的开发工具，可以使用快速从下拉列表中选择属性、时间、风格来自动建立代码，包括综合脚本生成器，上百个内嵌的 Java 和 DHTML 脚本和一个稳健的多语言界面编辑器，快速生成复杂的 HTML 代码，诸如表格、框架、图片链接、窗体、文本格式化及更多的向导模式的对话框。支持代码片断快捷键定义和使用预制的模板快速建立网页，支持拼写检查、代码优化、连接验证和 CSS，HTML，JavaScript 语法检查等功能。

2．所见即所得编辑器

这一类工具提供了可视化的界面，通过插入菜单和鼠标拖动操作就能在页面上显示需要的元素，也会自动生成相应的代码。所见即所得的编辑工具常见的有：Macromedia Dreamweaver，Microsoft FrontPage，Adobe GoLive，SoftQuad HotMetal 等。其中，Dreamweaver 是目前使用最多的网页设计软件。

（1）Macromedia Dreamweaver。Macromedia Dreamweaver 是创建专业网站的最佳途径，同时也是构建强大 Internet 应用程序的最简便的途径。开发人员第一次能在一个环境内快速创建和管理网站及 Internet 应用程序。Dreamweaver 是一个完整、集成的解决方案，可为用户提供可视化的布局工具、快速的 web 应用程序开发以及广泛的代码编辑支持。

（2）Microsoft FrontPage。FrontPage 是较好的网页制作工具，基本上实现了所见即所得的工作方式，即使不懂 HTML 语言，也能制作出专业效果的网页。也可以在 HTML 窗口里直接写入代码，再切换到 preview 窗口看效果。该工具提供了许多先进技术，如主题、共享边界、层叠样式单、动态 HTML、框架、推与频道定义、ActiveX、Java Applet 等。编辑时有三种窗口：Normal 默认窗口、HTML 窗口、Preview 窗口。Frontpage 可以打开的文件有.htm，.html，.rtf，.txt，.htt，.doc，.xls，.xlm，.wpd 等，所有 Office 组件能打开的文件都可以打开。

（3）Adobe GoLive。Adobe GoLive 是一套工业级的网站设计、制作、管理软件，可让网站设计者轻易地创造出既专业又丰富的网站。使用交互式的 QuickTime 编辑器为网站加入影片，紧密结合其他 Adobe 的网站产品，包括 Adobe Photoshop，Adobe Illustrator 和 Adobe LiveMotion，Adobe GoLive 软件提供 360Code 功能，可保护网页原始码不被随便修改。此外，Adobe GoLive 还提供得奖的网站设计、管理功能。使用 Adobe GoLive 软件，可以借助直观的可视工具充分利用 CSS 的功能。将 Adobe InDesign 版面方便地转换为 Web 页面，从而加快设计的速度。此外，还可以在基于标准的高级编码环境中设计 Web 和移动设备内容。

（4）SoftQuad HotMetal。HotMetal 既提供"所见即所得"图形制作方式，又提供代码编辑方式，是个令设计者和开发者都能熟练使用的软件。它主要应用于 Web 站点的建设和发展，对于专业和业余的人都适用。它提供给你几乎所有你想象得到的功能，比如综合编辑方案、站点和资产管理工具等等。

1.5　建立网站的基本流程

用户在制作网站时不能随心所欲，没有计划就开始动手制作，往往浪费很多时间和精力。因此，在制作网站前，要了解网站建设的基本流程，这样才能少走弯路，而且能制作出更合理的网站来。建立网站的基本步骤如下：

（1）确定网站的主题。建立一个网站首先要考虑确定网站的主题和功能，网站的主题就是网站所包含的主要内容。网络上的题材千奇百怪，有体育、娱乐、财经、生活、科技、教育等等，但是一般一个网站必须要有一个明确的主题。如个人站点、班级站点、企业网站、电子商务网站等。

（2）搜集资料。在确定了网站主题之后，就要搜集相关资料，搜集的资料越多，以后制作网站就越容易。资料可以从网上下载，也可以从书籍、报纸上得来，包括文本、图像、多媒体动画以及站点的布局效果等素材。

（3）网站规划。有了网站的主题和相关素材后，需要将整个网站的结构画成结构图，规划出网站的全貌。网站规划包含的内容很多，如站点的结构、风格、版面布局、栏目的设置、颜色搭配等，而且还要体现各个网页之间的关联效果。只有在制作网页之前把这些方方面面都考虑到了，才能顺利进行后续的工作。

（4）站点建设和网页制作。根据站点的规划，选取合适的网页制作工具，创建站点并一步一步完成各个页面的制作。这部分是本教材主要讲述的内容。

（5）测试并上传。网站制作完成后，还需进行网站的测试，减少可能发生的错误。测试完毕就要把网站发布到 Web 服务器上，可以用网页制作工具自带的 FTP 功能上传，也可以用 FTP 工具很方便地把网站发布到 web 服务器中。

（6）推广宣传。到网站开发完成之后，还要不断地进行宣传，这样才能提高网站的访问率和知名度。推广的方法很多，例如在制作时可以添加文件头内容中的搜索关键字等。

（7）维护更新。网站需要不定时地进行内容更新和维护操作，只有不断补充、更新内容，才能吸引住浏览者。

1.6　实例分析

实例 1-1：Title 的作用。

一个不包含任何内容的基本 Web 页文件如下所示：

```
<HTML>
<HEAD><TITLE></TITLE></HEAD>
<BODY></BODY>
</HTML>
```

TITLE 的主要作用是描述该 Web 页面的标题，网页标题实例及其源代码如图 1-6 所示。

图 1-6　TITLE 的作用

实例 1-2：本课题第一个页面。

通过 html 标签符不但可以设定网页的标题，而且可以很轻易地设定正文中字体的大小。通过以下的 html 段可实现本课程第一个网页（见图 1-7）的设计。在本例中，利用标签符<TITLE>设定网页标题的内容，标签符<P>为正文的一个段落，标签符<FONT>用以设定字体的格式，其中 size 为<FONT>的属性。

```
<HTML>
<HEAD><TITLE>FONT 标记符的 size 属性</TITLE></HEAD>
<BODY>
<P>正常文本
<P><FONT size="7">  这些是大字体的文本</FONT>
<P><FONT size="1">  这些是小字体的文本</FONT>
<P><FONT size="+2">这些文字的字体比正常文本大 2 号</FONT>
<P><FONT size="-2">这些文字的字体比正常文本小 2 号</FONT>
<P><FONT size="+2">混</FONT>合<FONT size="-1">字</FONT><FONT size="+3">体</FONT>
大小
</BODY>
</HTML>
```

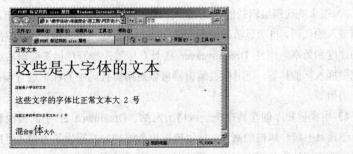

图 1-7　本课程第一个网页

第 2 章 Dreamweaver CS3 入门

【内容】

本章对 Macromedia Dreamweaver 特性进行描述，并介绍 Dreamweaver CS3 的新增功能；同时介绍 Dreamweaver CS3 的工作区布局和工作区元素，最后通过实例介绍 html 文档的创建、保存和打开方法。

【实例】

利用 Dreamweaver CS3 创建第 1 章中的实例 1-2。

【目的】

通过本章的学习，使读者熟悉 Dreamweaver CS3 的功能特点和工作环境，掌握利用 Dreamweaver CS3 创建、保存和打开文档的基本方法。

2.1 Dreamweaver CS3 简介

Adobe Dreamweaver 是一款专业的网页制作工具。它与 Flash，Fireworks 合在一起被称作网页制作三剑客，这三款软件相辅相成，是制作网页的最佳选择。

Dreamweaver CS3 是 Dreamweaver 系列产品的最新版本，它在原来版本的基础上进行了改进和升级，功能更加强大，而且界面更友好，操作更方便，也更适合于网页制作和网站管理。无论是创建静态站点还是开发互动程序，Dreamweaver 都是不可忽略的专业工具，它提供简单易用的操作工具，可视化的编辑环境，适用于从个人主页设计到企业站点开发等众多领域。

Dreamweaver 的特性描述如下：

（1）完美的操作界面和多种视图模式。Dreamweaver 是用于网页设计和站点管理的可视化编辑器，它做到了所见即所得，简化了设计过程。在工作界面上，Dreamweaver 把可视化编辑器和文本编辑器集成在一起，可以通过设计视图和代码视图的方法查看。无论使用文本编辑器还是可视化编辑器，Dreamweaver 都能提供充分而得力的工具，使网站设计更加简单易行。

（2）简便易行的对象插入功能。用 Dreamweaver 设计网页，其大部分页面元素可以通过插入菜单直接实现，相应的代码会自动产生，不需要熟悉很多代码也可以设计网页。

（3）强大的代码编辑功能。Dreamweaver 具有强大的编码提示功能。手工编写时，软件能够根据当前输入的代码，自动显示相关的关键字或对话框选项供选择。这种编码提示功能大大提高了代码输入的速度和效率。而且 Dreamweaver 还具有标签选择器和标签编辑器。使用标签选择器可以在网页代码中插入新的标签；使用标签编辑器可以对网页代码中的标记进行编辑，添加或修改标签的属性及对应的值等。

（4）用模板和库创建具有统一风格的网站。Dreamweaver 中的模板和库可以帮助使用统一的版面设计创建具有统一风格的网页。使用模板也为维护网站提供了方便，用户可在很短的时间内重新设计模板，改变网站中的所有网页，极大地提高了用户的工作效率。

（5）创建动态网页。使用服务器端脚本语言和客户端脚本技术可以制作出功能强大的页面。Dreamweaver 支持多种当前流行的服务器脚本技术，例如 ASP，JSP，PHP 和.NET 等，用户使用 Dreamweaver 可以创建各种基于上述服务器脚本技术的动态 Web 站点。

（6）用层与时间轴结合创建网页动画。Dreamweaver 中提供了时间轴工具，使用时间轴工具和层可以直接创建网页动画，创建过程和用 Flash 制作动画类似，创建的动画可以直接在浏览器中播放。因此，一些简单的动画操作可以在 Dreamweaver 工具中直接完成，而不需要使用其他工具。

（7）使用 CSS 和 html 样式减少重复劳动。Dreamweaver 中的样式效果可以是 html 样式，也可以把样式放置在 CSS 中，这样一组样式可以调用在多个对象上，或应用到多个网页中。CSS 是一系列格式设置规则，使用 CSS 样式可以非常灵活地控制网页外观，从而实现精确的布局定位、特定的字体和样式。养成使用样式设置文本格式的习惯，对于保持网站的整体风格和修改文本样式都能提供极大的便捷。

（8）在 Dreamweaver 中内置了大量的行为。行为在网页中常被用在页面的交互中，通过使用行为可以为网页添加动态效果和特效。这些行为需要编写客户端的脚本语言才能实现，而 Dreamweaver 中已经内置了大量的行为，合理地使用这些行为可以为网站增添不少特色。

（9）Dreamweaver 强大的网站管理功能。在 Dreamweaver 中除了能够设计网页外，还可以创建站点以及对站点进行管理操作。创建完成的站点还可以使用 Dreamweaver 内置的功能上传到 Web 服务器中。

2.2　Dreamweaver CS3 新增功能

Dreamweaver CS3 中增加了不少新功能，除了工作流程更加先进，还加入了经过重新设计的 CSS 工具和速度更快的后台文件传输等功能。

1. 新的工作流程

Dreamweaver CS3 可以帮助用户更加有效地工作，文档窗口的标签式界面将所有打开的文档放置在一个面板中，切换文档时只须单击即可，操作极为方便。如图 2-1 所示为在一个窗口中同时打开了多个文件，而多个文件在同一个面板中显示。

图 2-1　Dreamweaver CS3 多文档打开窗口

2. "缩放"工具和辅助线

Dreamweaver CS3 中的缩放工具如图 2-1 右下角所示，它可以帮助用户更容易地选择较小的对象以及查看较小的文本或对齐对象等。另外，Dreamweaver CS3 还提供了辅助线，通过在页面上拖放辅助线可以更精确地定位层或确定其他对象的位置。

3．可视化 XML 数据绑定

Dreamweaver CS3 继承了 Macromedia 一贯的传统，继续提供用户界面友好的，可视化的工具来处理复杂的技术，新的 XML/XSLT 创作功能简化了用于 Web 浏览的 XML 文件的格式化过程。用户可以创建 XSLT 文件，并完全使用 CSS 样式，将其转换成难于理解的 XML 文件，放入网页中。

4．新的 CSS 样式面板

Dreamweaver CS3 在 CSS 样式方面提供了非常强大的功能，增强了复杂样式表信息的显示，减少了必须跳转到网页浏览器来检查代码设计的次数，新的媒体格式支持用户添加指向特定设备的样式。

另外，CSS 面板被设计成一个统一的面板，变成了一个可视化的控制面板，使用 CSS 面板可以快速确认样式，编辑样式，查看应用于页面元素的样式等。在如图 2-2 所示的 CSS 样式面板中能够看到所有可以设置的属性。

图 2-2　Dreamweaver CS3 CSS 样式面板

5．代码折叠

在代码视图中可以通过隐藏和展开代码块，重点显示想要查看的代码，从而使得窗口更加简洁。

6．"编码"工具栏

新的"编码"工具栏在"代码"视图左侧的沟槽栏中提供了用于常见编码功能的按钮。例如打开文档，折叠整个标签，折叠所选，扩展全部等按钮，便于用户的操作。

7．后台文件传输

Dreamweaver CS3 引入了后台文件传输功能，这样在通过 Internet 传输文件时，可以继续执行在一个站点中编辑或者创建页面等操作。

8．"插入 Flash 视频"命令

Dreamweaver CS3 在插入菜单中添加了插入 Flash 视频命令，这样可以快速便捷地将 Flash 视频文件插入 Web 页。

2.3　Dreamweaver CS3 窗口介绍

Dreamweaver 工作区可以查看文档和对象属性。工作区还将许多常用操作放置于工具栏中，可以快速更改文档。

2.3.1　工作区布局

安装 Dreamweaver 后，打开 Dreamweaver，选择"窗口"→"工作区布局"命令，可出现如图 2-3 所示的工作区设置，用户可以根据自己的需求设计工作区布局。设计器在左侧显示设计窗口，在右侧显示面板；而编码器布局是在左侧显示面板，在右侧显示代码视图。通常情况默认设置为设计器，

而且一般习惯使用设计器布局方式，而第三种双重屏幕是将代码窗口与面板窗口分开显示。

当选择工作区后，打开如图 2-4 所示的窗口，选择"创建新项目"中的"HTML"，看到如图 2-5 所示的界面。该界面主要由标题栏、菜单栏、"插入"工具栏、"文档"工具栏、水平/垂直标尺、工作区域、状态栏、标签选择器、属性面板和面板组等组成。

图 2-3　Dreamweaver CS3 工作区布局

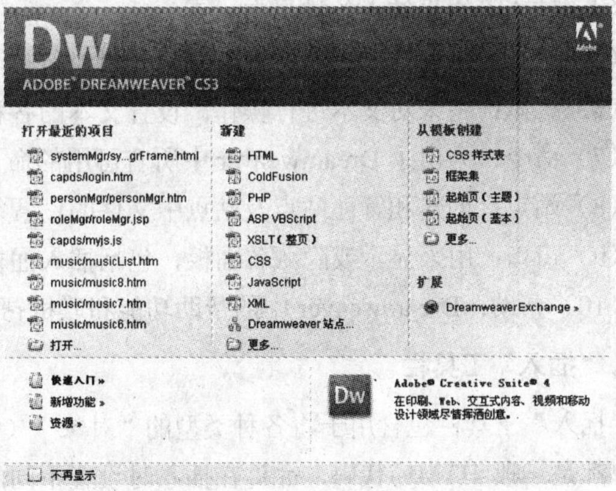

图 2-4　Dreamweaver CS3 启动页面

"插入"工具栏　标题栏　菜单栏　"文档"工具栏　　　　面板组

标签选择器　　属性检查器　"文档"窗口　　"文件"面板

图 2-5　Dreamweaver CS3 工作环境

2.3.2　工作区元素

1．标题栏

Dreamweaver CS3 的标题栏中主要包含两个部分，在左侧是控制菜单图标，Adobe Dreamweaver CS3 字样和当前文档名称，在右侧是三个控制按钮，分别是最小化按钮、最大化按钮和关闭按钮。

2．菜单栏

菜单栏几乎包括了 Dreamweaver CS3 中所有的功能，有文件、编辑、查看、插入、修改、文本、命令、站点、窗口和帮助 10 个主菜单。

（1）文件：用来管理文件，包括新建、打开、关闭、保存等功能。

（2）编辑：用来编辑文本，包括剪贴、复制、粘贴、查找、替换及首选参数的设置等功能。

（3）查看：用来切换视图模式及显示/隐藏标尺、网格、辅助线及跟踪图像等。

（4）插入：用来插入各种页面元素。

（5）修改：用来修改页面属性及其他元素，包括表格、图像、框架等的修改。

（6）文本：用来对文本进行操作。设置文本的各种格式及 CSS 样式和检查拼写。

（7）命令：列出了 Dreamweaver 中所有可用的命令项。

（8）站点：创建和管理站点及站点中文件的设置等。

（9）窗口：用来显示或隐藏各面板，包括插入面板、属性面板、CSS 样式、层、行为等面板。

（10）帮助：Dreamweaver 中的帮助功能和联机帮助功能。

3. "插入"工具栏

"插入"工具栏包含用于将各种类型的"对象"（如图像、表格和层）插入到文档中的按钮。每个对象都是一段 HTML 代码，允许在插入时设置不同的属性。例如，可以在"插入"工具栏中选择"常用"选项，再单击"超级链接"按钮，插入一个超链接。当然也可以通过"插入"菜单项实现对应功能。该工具栏包括常用、布局、表单、文本、HTML、应用程序、Flash 元素和收藏夹等 8 种类型。在默认情况下显示的是"常用"工具栏，如图 2-6 所示。

图 2-6　"常用"工具栏

对于"插入"工具栏，还可以改变其外观，方法是右键单击工具栏顶部，在弹出菜单中选择"显示为菜单"项，得到如图 2-7 所示的效果。

图 2-7　"插入"工具栏制表符格式显示

如果需要从图 2-7 所示外观切换到图 2-6 所示的外观，可在图 2-7 中单击文字"常用"后的三角按钮，从下拉的菜单中选择"显示为制表符"选项。

对于"收藏夹"，可以根据自己的需要自行添加。在"插入"工具栏的空白处单击右键，弹出如图 2-8 所示的快捷菜单，选择"自定义收藏夹"命令，打开"自定义收藏夹对象"对话框，如图 2-9 所示。

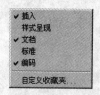

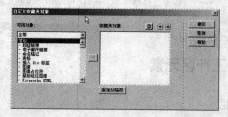

图 2-8　"插入"工具栏右键快捷菜单　　　　图 2-9　"自定义收藏夹对象"对话框

从"可用对象"列表中选择使用的命令，单击添加按钮 ，将选择的命令添加到"收藏夹对象"中。如果单击了 添加分隔符 按钮，那么会在"收藏夹对象"列表框中选择的对象之间插入一个分隔符。

4．"文档"工具栏

"文档"工具栏包含各种按钮，它们提供各种"文档"窗口视图（如"设计"视图和"代码"视图）的选项、各种查看选项和一些常用操作（如在浏览器中预览等），如图 2-10 所示。

图 2-10 "文档"工具栏

5．文档窗口工作区域

文档窗口工作区域也称为"工作区域"，用于显示当前正在编辑的文档，通常用"代码""设计"和"代码与设计"3 种视图模式。如图 2-11 所示的效果就是"代码与设计"视图模式，即让代码视图和设计视图同时在窗口中显示。

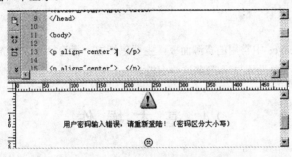

图 2-11 "代码与设计"视图模式

代码视图左侧有一列按钮，功能如下：

📄：打开文档，单击按钮右下角可以显示出当前已打开文档的绝对路径。

❙❚：折叠整个标签，将插入点放置于某对标签内，可以折叠位于一组开始和结束标签之间的所有内容。

❏：折叠所选，折叠所选代码行。

❋：扩展全部，可还原所有折叠的代码。

❧：选择父标签，可选择当前插入点的上一级标签，即父标签。

{❙}：选取当前代码段，选择放置了插入点的那一行的内容及其两侧的括号。

#❀：行号设置，可以在每个代码行的行首显示或隐藏行号数。

☌：高亮显示无效代码，将以黄色高亮显示无效的代码。

💬：应用注释，可以在所选代码两侧添加注释标签或打开新的注释标签。

💬：删除注释，删除所选代码的注释标签。

✍：环绕注释，在所选代码两侧添加选择的"快速标签编辑器"标签。

📄：最近的代码片段，可以从"代码片断"面板中插入最近使用过的代码片断。

±≡：缩进代码，将选择的内容向左移动。

±≡：凸出代码，将选择的内容向右移动。

✎：格式化源代码，将指定的代码格式应用于所选代码，如果没有选择代码块，则应用于整个页面。

设计视图中，默认情况下显示标尺，背景色是白色的。

6．标签选择器

标签选择器位于"设计"视图窗口底部的左侧，如图 2-12 所示，它主要用于显示当前选定内容的标签的层次结构。单击该层次结构，总的任何标签可以选择相应的内容。

7. 状态栏

状态栏用来显示当前编辑文档的状态，如图 2-13 所示。主要包括文档的选取工具，移动工具和缩放工具及文档窗口的大小，文档大小和下载时间等。

<body><form><table>

图 2-12　标签选择器 　　　　　　　　　　　图 2-13　状态栏

8. 属性面板

属性面板位于设计视图的下方，主要用于查看和更改当前所选对象的各种属性的设置。每种对象都具有不同的属性。

9. 其他面板组

面板组是 Dreamweaver 中常用的资源面板，主要包括层、行为、文件、资源、框架、CSS 样式等，可以通过"窗口"菜单设置显示/隐藏这些面板。

2.4　基　本　操　作

1. 新建文档

在 Dreamweaver CS3 中新建 HTML 文档的方法是选择"文件"→"新建"命令，打开"新建文档"对话框，如图 2-14 所示。在类别中选择"基本页"，在中间的"基本页"中选择"HTML"，单击"创建"按钮即可新建一个文档。

2. 保存文档

选择"文件"→"保存"或者"另存为"命令，打开"另存为"对话框，如图 2-15 所示，在左侧选择保存的路径，在文件名中输入要保存的文件名称，在保存类型中选择要保存的类型，单击"保存"按钮即可保存一个文档。

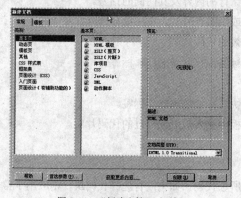

图 2-14　"新建文档"对话框

图 2-15　"另存为"对话框

3. 打开文档

对于已经创建的文档，还可以打开重新进行编辑等操作。用下列任意方法可以打开一个 HTML 文档。

打开 Dreamweaver，选择"文件"→"打开"命令，打开了"打开"文件对话框，选择要打开的文件，单击"打开"按钮即可。

在"我的电脑"中打开保存文件的位置，然后选中要打开的文件，单击鼠标右键，选择"使用 Dreamweaver CS3 编辑"命令，则需要的文件会在 Dreamweaver 中直接打开。

另外对于最近打开的文档，可以在 Dreamweaver 中，选择"文件"→"打开最近的文档"命令，在默认情况下，列出了 10 个最近打开过的文档，若有需要的文档，选择即可打开。

2.5　实 例 分 析

下面介绍利用 Dreamweaver CS3 创建如图 1-7 所示的网页。

（1）选择"文件"→"新建"命令，打开如图 2-14 所示的对话框，单击"创建"按钮。

（2）光标定位在<title></title>之间，在属性检查中键入该页面标题内容"FONT 标记符的 size 属性"，如图 2-16 所示。

图 2-16　网页标题的设置

（3）选择"文件"→"保存"命令，打开如图 2-15 所示的对话框，键入文件名称"firstPage.html"，单击"保存"按钮。

（4）选择"文件"→"打开"命令，打开了"打开"文件对话框，选择文件"F:\CAPP\ firstPage.html"。

（5）在"文档"工具栏中单击"拆分"按钮，选择"代码与设计"视图模式。

（6）并将光标定位在文档窗口工作区域的设计部分，用键盘输入文字"这些是大字体的文本"，用鼠标选择该段文字，更改属性检查器中"大小"属性为大。

（7）回车，用键盘输入文字"这些是小字体的文本"，用鼠标选择该段文字，更改属性检查器中"大小"属性为小。

（8）选择"文件"→"保存"命令，实现文件的保存。

第 3 章 站点的创建和管理

【内容】

本章主要讨论站点规划过程中网页间关联关系的构建方法和步骤。首先介绍本地段站点的定义、导入/导出站点、创建站点结构、使用设计备注，并说明遮盖网站中文件夹和文件的方法；其次说明创建和编辑站点地图的方法和过程；最后通过"金薯条设计奖"网站为例再次印证利用 Dreamweaver CS3 创建和管理站点的基本流程和设计方法。

【实例】

"金薯条设计奖"网站的创建。

【目的】

通过本章的学习，使读者了解设计和规划站点的基本步骤，并掌握创建和编辑站点的基本方法。

3.1 定义本地端站点

使用 Dreamweaver CS3 创建 Web 站点最常见的方法是在本地磁盘上创建并编辑页面，然后将这些页面的副本上传到一个远程 Web 服务器以便通过网络查看。站点最多由三部分组成，具体取决于用户计算机环境和所开发的 Web 站点的类型。

（1）本地文件夹：即工作目录，通常是硬盘上的一个文件夹。

（2）远程文件夹：运行 Web 服务器的计算机上的某个文件夹。

（3）动态页文件夹：用于处理动态页的文件夹。与远程文件夹通常是同一文件夹。

应用 Dreamweaver CS3 提供的定义网站向导，可以很方便地创建本地站点。

3.1.1 创建站点

一般情况下是把站点创建在本地，制作完成后再上传到 Web 服务器。因此，创建站点前先在本地硬盘上创建一个放置站点信息的文件夹，如 "F：/CAPP"。

通过下列任何一种操作可以打开创建站点的应用向导。

（1）启动 Dreamweaver CS3 时，在图 2-4 所示的窗口中，选择"创建新项目"中的"Dreamweaver 站点..."，打开如图 3-1 所示的创建站点 5 步应用向导。

（2）选择菜单"站点"→"新建站点"命令，如图 3-2 所示，打开如图 3-1 所示的创建站点 5 步应用向导。

（3）选择右侧的文件面板上的"管理站点"，打开如图 3-3 所示的对话框，选择"新建"中的"站点"，打开如图 3-4 所示的站点管理对话框，单击"新建"按钮即可弹出与上述两种方法相同的对话框。

图 3-1   站点基本定义对话框   图 3-2   "站点"子菜单项

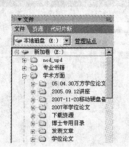

图 3-3   文件面板组中的站点管理入口   图 3-4   管理站点对话框

创建站点 5 步应用向导描述如下：

（1）设定站点基本信息。根据上述创建站点的方法，在选择"新建站点"后，打开如图 3-5 所示的对话框。在"您打算为您的站点起什么名字？"文本框中输入站点的名称，譬如 CAPP 研究所，然后单击"下一步"按钮。

（2）确定支持站点的服务器技术。对话框如图 3-6 所示，此对话框的作用是指出用户是否正在使用 Web 服务器，在"您是否打算使用服务器技术"中选择"否，我不想使用服务器技术"单选按钮，表示不使用服务器技术创建 Web 应用程序；选择"是，我想使用服务器技术"单选按钮，则在其下方会显示"哪种服务器技术"下拉列表，允许用户选择要使用的服务器技术类型。选项有 ColdFusion，ASP.NET，ASP，JSP 或 PHP 等，单击"下一步"按钮。

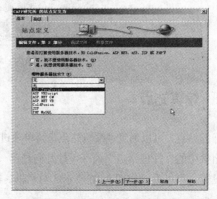

图 3-5   设定站点基本信息对话框   图 3-6   确定支持站点的服务器技术对话框

（3）选择文件处理方式。对话框如图 3-7 所示，选择对文件的处理方式。在"在开发过程中，您打算如何使用您的文件？"中选择"编辑我的计算机上的本地副本,完成后再上传到服务器(推荐)",那么在其下方显示"您将把文件存储在计算机上的什么位置？",单击"浏览"按钮选择所要创建网站在本地的位置,如"F\CAPP:";选择"使用本地网络直接在服务器上进行编辑",下方出现"您的文件在网络上的什么位置？"文本框,单击"下一步"按钮选择一个本地服务器中的位置。单击"下一步"按钮。

　　(4)设定共享文件。设置文件是否连接到远程服务器,如图 3-8 所示,在"您如何连接到远程服务器？"列表中供选择的选项有"无""FTP""本地/网络""WebDAV""RDS"及"SourceSafe(R)"数据库"。在默认情况下选择"无",选择其他选项,分别根据需要设置相关信息,在此不详细介绍。单击"下一步"按钮进入向导(5)。

 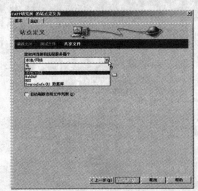

图 3-7　选择文件处理方式对话框　　　　　　图 3-8　设定共享文件对话框

　　(5)站点定义结果显示。站点创建完成后,列出设置的所有信息,如图 3-9 所示。单击"完成"按钮,创建站点结束。

图 3-9　站点定义显示对话框

3.1.2　编辑站点

　　创建好的站点,可以通过"编辑站点"菜单项进行修改和重新设置。选择"站点"→"编辑站点"或者文件面板中的"管理站点"命令,打开向导第一步所看到如图 3-5 所示的对话框,把面板切换到"高级"设置,可以看到如图 3-10 所示的对话框。在"分类"列表中各选项具体含义如下:

1. 本地信息

　　(1)"站点名称":设置网站名称。

（2）"本地根文件夹"：从本地磁盘上指定一个文件夹作为存储站点文件。可以修改创建站点时设定的路径。

（3）"自动刷新文件列表"：此复选项指定将文件复制到本地网站上时是否自动刷新本地文件列表。

（4）"默认图像文件夹"：设置默认状态下用于存放图像的文件夹名称，如设置 F:\CAPP\images\ 作为图像文件夹。

（5）"链接相对于"：默认是相对于文档，还可以选择相对于站点根目录。

（6）"HTTP 地址"：用于设置已完成的 Web 站点将使用的 URL。

（7）"区分大小写的链接"：选择此复选项，表示所链接的文件名要区分大小写。

（8）"缓存"：选择"启用缓存"复选项，可以创建本地高速缓冲，提高链接和站点管理任务的速度。

2．远程信息

在远程信息面板中，"访问"方式不同，看到的对话框也不同。当在"访问"下拉列表中选择 FTP 方式时，如图 3-11 所示，填写好相应的信息后可以将站点上传到此 FTP 主机上。FTP 主机、主机目录以及登录名和密码等都是在申请网页空间时所得到的信息，填写后单击"测试"按钮可以测试，查看远程服务器是否开通。

图 3-10　站点本地信息设置对话框　　　　图 3-11　站点远程信息设置对话框

当在"访问"中选择"本地/网络"时，得到如图 3-12 所示的对话框，可以把局域网中的任一主机的任一目录作为远程文件夹，甚至还可以用本地机上的某一文件夹模拟远程文件夹。

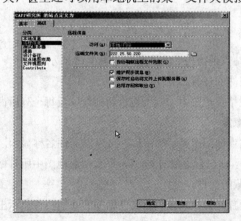

图 3-12　将局域网中主机上文件夹作为远程文件夹

3．测试服务器

测试服务器面板中的服务器模型可以从下拉列表中进行选择，如图 3-13 所示，选择后再选择访问方式即可。

4．遮盖

遮盖操作设置是在上传或者获取文件和文件夹时，对遮盖的部分是否进行上传或获取。遮盖面板如图 3-14 所示。

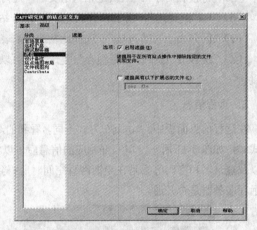

图 3-13　测试服务器的设定　　　　　　　图 3-14　遮盖操作的设置

（1）"启用遮盖"：在默认情况下，启用遮盖处于选择状态，在需要的时候还可以取消该选项。

（2）"遮盖具有以下扩展名的文件"：选择此复选项，可以遮盖指定扩展名的文件，譬如.png，.fla 等。

5．设计备注

设计备注是用户为文件创建的备注，与所描述的文件相关联，独立存储在文件中，可用于记录与文档关联的其他文件信息。设计备注对话框如图 3-15 所示。

（1）维护设计备注：此复选项允许用户添加、编辑和共享与文件相关的特别信息及文件状态注释等。

（2）上传并共享设计备注：此复选项允许用户与其他工作在该网站上的人员共享设计备注和文件视图列表。

6．站点地图布局

站点地图布局设置的是站点地图相关的信息，如图 3-16 所示。

（1）主页：指定主页文件的位置和文件名。

（2）列数和列宽：设置站点地图中一行所显示的列数以及每个列所占的宽度，在默认情况下列数是 200 像素，列宽是 125 像素。

（3）图标标签：设置站点地图中显示的图标，可以以文件名称显示，也可以以页面标题显示。

（4）选项组：选择"显示标记为隐藏的文件"，那么站点地图中所有做了隐藏标记的文件在站点地图中显示，否则不显示隐藏的文件。

（5）显示相关文件：设置是否把和该页面文件相关的其他文件显示出来，譬如该页面中用到的图像文件、多媒体文件等。

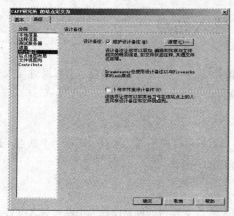
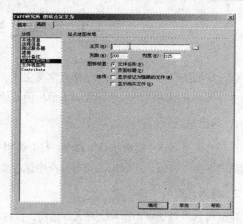

图 3-15　设计备注设置　　　　　　　　图 3-16　站点地图布局的设置

7. 文件视图列

文件视图列对话框如图 3-17 所示，可以通过 ➕，➖ 按钮添加和删除文件视图列，通过 🔼 和 🔽 按钮改变视图列显示的顺序。对于类型为内置的文件视图列不能进行删除操作，但可以设置显示或者隐藏效果。添加文件视图列后，可以通过下方的属性进行设置。

（1）列名称：添加一个视图列，可以在此文本框中设置其名称。

（2）与设计备注关联：可以选择与设计备注关联的情况，有到期、分配、优先、状态 4 个选项。必须将一个新列与设计备注关联，"文件"面板中才会有相应的数据显示。

（3）对齐：设置添加的视图列的对齐方式，有左对齐、右对齐和居中对齐。

（4）选项：默认情况下添加的视图列是隐藏的，选择显示复选项使其显示，选择"与该站点所有用户共享"选项，则可与连接到该远端站点的所有用户共享该列。

8. Contribute

启用 Contribute 的兼容性功能后，可以使用 Dreamweaver 启动 Contribute 来执行站点管理任务。选择"启用 Contribute 兼容性"复选项后，对话框如图 3-18 所示。此时只要连接到了站点 URL 指定的远程服务器当中，就可以使用"在 Contribute 中管理站点"按钮进行站点的管理设置。Contribute 管理设置是适用于 Web 站点的所有用户的设置集合。这些设置可以精确调整 Contribute 以提供更好的用户体验。

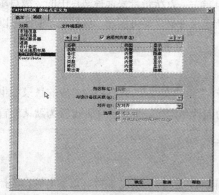
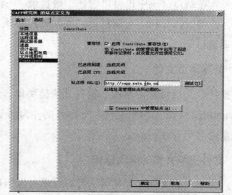

图 3-17　文件视图列的设置　　　　　　图 3-18　Contribute 兼容性的启用

上述操作设置完成后，单击"确定"按钮即可完成站点的编辑操作。

3.2　导出与导入站点

创建好的站点可以导出为一个站点定义文件，即.ste 文件，导出的站点信息也可以通过导入站点的功能导入到其他的机器上或导入到本地机的其他位置。

1．导出站点

选择"站点"→"编辑站点"命令，打开编辑站点对话框，在左侧文本框中选择一个站点，选择右侧的"导出"按钮，在导出站点对话框中保存要导出的文件即可。

2．导入站点

在编辑站点对话框中选择"导入"按钮，打开导入站点文件对话框，选择一个站点导入文件，单击"打开"按钮，回到编辑站点对话框中，单击"完成"按钮即可导入一个站点。

3.3　复制和删除站点

选择"站点"→"管理站点"命令，打开"管理站点"对话框，在左侧选择文本框中选择一个站点，然后单击"复制站点"或"删除站点"，即可完成站点的复制或删除操作。

3.4　创建站点结构

创建好一个站点后，站点中还是空的，必须添加文件和文件夹，也就是要确定网站的文件结构。

1．新建站点目录

新建站点目录就是在站点中创建文件夹，便于对文件进行分类存放，保持很清晰的设计思路。

创建且编辑站点之后，文件面板如图 3-19 所示。新建站点目录的方法是：在站点根目录上单击右键，打开快捷菜单，选择"新建文件夹"，此时在站点的根目录下面生成名为 untitled 的文件夹，重命名为需要的文件夹名即可。依此可以创建多个文件夹。

另外，在站点目录中也可以创建二级目录、三级目录等。方法是只要选择站点中的一级目录，单击右键，也可以打开和上面同样的快捷菜单，选择"新建文件夹"即可创建二级目录，依此可以创建站点的多级目录。

2．新建网页文件

选择任一站点目录，单击右键打开快捷菜单，选择"新建文件"，此时将在对应的目录下生成文件名为 untitled.html 的网页文件，重命名文件为需要的文件名即可。要把该文件设置为默认的首页文件时，重命名为 index.html。

3．文件夹和文件的编辑操作

站点目录里的文件夹和文件，都可以通过编辑操作进行复制、粘贴、删除、重命名等。选择一个文件夹或者文件，单击右键，在快捷菜单中选择"编辑"，即可进行编辑操作，如图 3-20 所示。一般情况下，建议用户在创建文件夹和文件时避免使用中文。

图 3-19　站点目录的新建

图 3-20　文件和文件夹的编辑操作

3.5　文　件　面　板

下面对文件面板中的功能进行详细的介绍。

在初始情况下，打开的文件面板在窗口的右侧显示，如图 3-20 所示。

（1）  第一个下拉列表：选择本地所建立的站点或者打开某一盘符中的文件。

（2）本地视图 第二个下拉列表：选择文件面板中显示什么视图，有本地视图、远程视图、测试服务器和地图视图 4 个选项，默认情况下选择的是本地视图。

（3）连接到远端主机，用于连接到远程站点或断开与远程站点的连接。

（4）刷新，用于刷新本地和远程文件列表。

（5）获取文件，用于将选定文件从远程站点或测试服务器拷贝到本地网站。

（6）上传文件，用于将选定文件从本地网站拷贝到远程站点或测试服务器。

（7）取出文件，用于将文件的拷贝从远程服务器传输到本地网站，并且将该文件标记为在服务器上取出。

（8）存回文件，用于将本地文件的拷贝传输到远程服务器，并且使该文件可供用户编辑。

（9）展开以显示本地和远程站点。

3.6　使用设计备注

设计备注是用户为文件创建的备注，独立存储在文件中，但与所描述的文件相关联，可用于记录与该页面文档相关的其他文件信息等。使用设计备注，可以方便多人合作，有效地提示设计网页时的进度以及相关注意信息。

1．启用/禁用设计备注

默认情况下设计备注为启用状态。编辑站点时，在"高级"面板中取消选择"维护设计备注"，就禁用了设计备注。当取消选择该复选项时，弹出对话框，提示是否禁用设计备注，如图 3-21 所示，单击"确定"按钮完成禁用设置。

2．添加设计备注

通过下列任一操作可打开设计备注。

● 要将设计备注添加到页面文档中，应先在 Dreamweaver 中打开该文件，然后选择"文件"→"设计备注"命令,打开"设计备注"对话框,如图 3-22 所示。

● 在文件面板中,右键单击该文件,弹出快捷菜单,选择"设计备注"即可打开相同的对
话框。

图 3-21　设计备注启用/禁用对话框　　　图 3-22　"设计备注"基本信息定义对话框

(1)在基本信息面板中可以设置备注基本信息。

● 文件:显示当前文件的文件名。

● 位置:显示当前文件所处的位置。

● 状态:该下拉列表选择文档的状态。Dreamweaver CS3 中提供了 8 个选项,分别为草稿、
保留 1、保留 2、保留 3、alpha、beta、最终版、特别注意。

● 备注:输入在选定的状态下要添加的注释信息。

● 　十二　:插入日期图标,在备注中插入当前日期。

● 文件打开时显示:选中该复选项,则在每次打开文件时显示设计备注信息,确定后才能打
开文件。

(2)在所有信息面板中可以自定义设计备注信息,打开的对话框如图 3-23 所示。

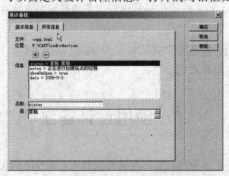

图 3-23　"设计备注"所有信息定义对话框

如果在添加了基本信息之后,还需要添加其他的备注信息,可以打开"所有信息"面板进行添加。
单击"添加项"图标＋,在"名称"文本框中输入备注的名称,在"值"文本框中输入要添加的信
息。例如,在"名称"中输入"date",对应"值"中输入当前日期。单击＋图标继续添加,在"信
息"文本区域中选择任一信息,单击－图标,可以删除备注。

3.7　遮盖网站中的文件夹和文件

利用 Dreamweaver CS3 中的遮盖功能可以很方便地进行站点中部分文件的修改。当网站设计基

本完成时，大部分文件夹和文件将不需要再改动，那么在反复上传或者获取文件时，可以通过遮盖功能忽略这些文件夹和文件。

1. 禁用/启用遮盖

遮盖功能在默认情况下是启用的。不需要使用该功能时，可以禁用它，禁用后还可以再次启用。执行下列任一操作可以禁用/启用遮盖功能。

（1）选择一个文件夹或者文件，单击右键，从弹出的快捷菜单中选择"遮盖"→"启用遮盖"命令，取消"启用遮盖"前的选择标记为禁用状态，再选择一次则为启用状态，如图 3-24 所示。

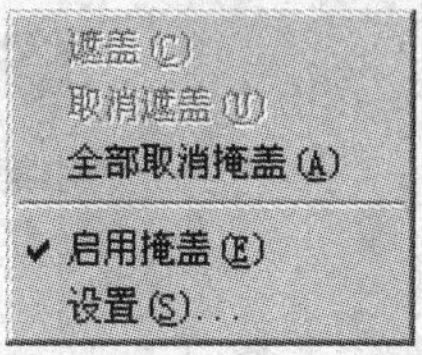

（2）单击文件面板右上角的图标，从弹出的快捷菜单中选择"遮盖"→"启用遮盖"命令。

图 3-24　文件和文件夹的编辑操作

（3）打开"编辑站点"对话框，在分类中的"遮盖"窗口中选择或清除"启用遮盖"，确定后可启用/禁用遮盖。

2. 遮盖和取消遮盖网站中的文件夹

用户可以遮盖网站中的部分文件夹，可以一次遮盖一个或者多个。要遮盖网站中的特定文件夹或取消其遮盖功能，首先应选择"启用遮盖"命令，然后在文件面板中选择要遮盖或取消遮盖的文件夹，再执行以下任一操作可以实现。

（1）右键单击从弹出的快捷菜单中选择"遮盖"→"遮盖"文件夹，或选择"遮盖"→"取消遮盖"命令取消遮盖功能。

（2）单击文件面板右上角的图标，从弹出的快捷菜单中选择"站点"→"遮盖"→"遮盖"或"取消遮盖"命令。

3. 遮盖和取消遮盖指定类型的文件

要遮盖网站中的指定类型的文件，可以先执行下列任意操作。

（1）单击文件面板中右上角的图标，从弹出的快捷菜单中选择"站点"→"遮盖"→"设置"命令。

（2）在文件面板中任意位置右键单击，从弹出的快捷菜单中选择"站点"→"遮盖"→"设置"命令。

（3）打开"编辑站点"对话框，在"高级"设置的"分类"中选择"遮盖"，并启用遮盖。

上述操作均打开如图 3-25 所示的对话框，选择"遮盖具有以下扩展名的文件"复选框，然后在对应的文本框中输入特定文件的扩展名，再单击"确定"按钮，打开一个提示对话框。提示由于网站的名称、根文件夹、HTTP 地址或遮盖设置已经改变，要重建缓存，单击"确定"按钮。

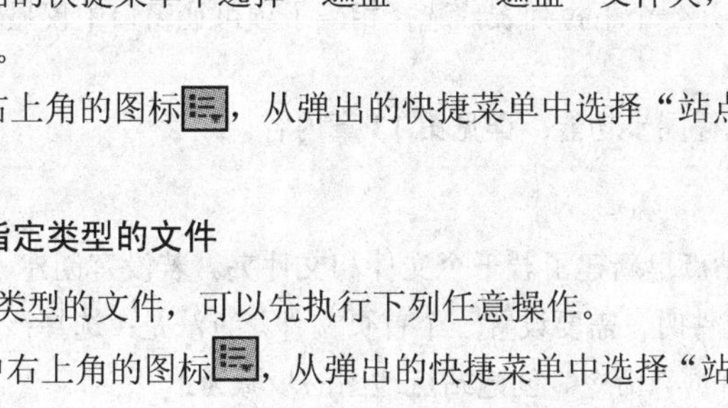

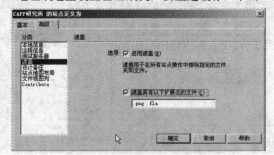

图 3-25　遮盖设置对话框

3.8　创建和编辑站点地图

默认情况下打开的文件面板是处于折叠状态的，单击 ⬚ 图标，展开文件面板，如图 3-26 所示，在展开的文件面板中可以创建站点地图等。

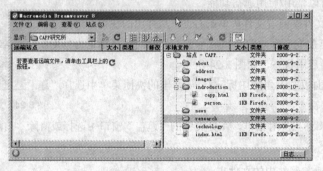

图 3-26　文件面板展开窗口

在文件面板的展开状态下，其工具栏上新增了若干个按钮，介绍如下：

⬚：选择该按钮表示显示站点文件。

⬚：选择该按钮表示窗口左侧显示测试服务器。

⬚：单击该按钮，打开一个下拉列表，选择相应子项可让窗口中仅显示地图，或在窗口中同时显示地图和文件。

⬚：选择该按钮，执行同步功能。详见第 13 章内容。

1．创建站点地图

创建站点结构后，在站点里新建了若干个文件和文件夹。若没有创建 index.html，index.htm 或 default.htm 等默认的首页文件时，需要设置一个首页文件，方法是：选择该文件，然后右键单击，从弹出式菜单中选择"设置首页"命令。创建站点地图的步骤为：

（1）在展开的文件面板中，单击 ⬚ 图标，选择"地图和文件"选项，此时窗口中左侧就是地图区，右侧是文件区。

（2）在左侧单击首页文件，出现指向文件图标 ⬚，此时拖动该图标，可以指向右侧文件区中的文件，根据创建的站点中页面的链接关系，指向某一文件。

（3）重复上述操作可以为首页文件指向所有的文件。

（4）选择二级链接中的文件，也出现指向文件图标，重复上述操作即可，如图 3-27 所示。

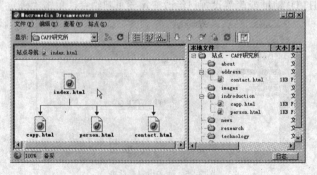

图 3-27　站点地图示例

在默认以首页作为"根"的情况下，能绘制三级链接，当要绘制更多级时，可以以二级链接或者其他级链接的文件作为"根"查看，然后重复上述方法进行绘制。方法具体如下：

（1）选择要作为"根"查看的文件。

（2）单击右键，从弹出式菜单中选择"作为根查看"命令，此时站点地图如图 3-28 所示，在上方的"站点导航"中可以看到和首页之间的链接关系。

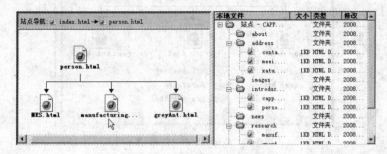

图 3-28   站点地图根查看示例

（3）选择任一文件，出现指向图标，指向文件中需要的文件，即可继续绘制站点地图；

（4）绘制完毕返回原来状态，可查看到完整的站点地图。

2. 查看站点地图

（1）查看地图。对于绘制好的站点地图，可以以"文件名"的形式显示，也可以"网页标题"的形式显示，默认是以"文件名"形式显示的。若要以"网页标题"显示，选择菜单"查看"→"站点地图选项"→"显示网页标题"，此时站点地图如图 3-29 所示，因为没有给文件命名，默认都为"无标题文档"，可以用"文件"→"重命名"命令进行重命名。

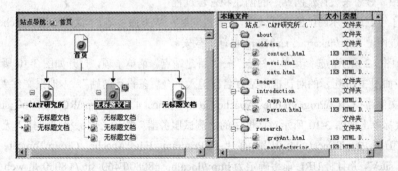

图 3-29   站点地图网页标题示例

（2）查看附属文件。选择菜单"查看"→"站点地图选项"→"显示附属文件"，在站点地图中旁边就列出了每个文档中插入的其他类型的文件等，如图片文件，Flash 文件等。在整个页面设计做好后，重新查看站点地图才能看到此效果。

（3）显示/隐藏链接。绘制站点地图时，在分支特别多的情况下，可以把绘制好的分支进行隐藏操作，隐藏后的分支也可以让其显示，但是隐藏后的分支中的任一文件都不能再为其绘制站点地图。隐藏方法为：选择某一分支，再选择"查看"→"站点地图选项"→"显示 / 隐藏链接"命令，可以看到该分支被隐藏。如要隐藏的分支显示出来，可以选择"查看"→"站点地图选项"→"显示标记为隐藏的文件"命令，此时标记为隐藏的文件名字体都是斜体，字体变淡。如图 3-30 中间分支标记为隐藏，若要恢复到初始的状态，则再次选择"查看"→"站点地图选项"→"显示 / 隐藏链接"

命令即可。

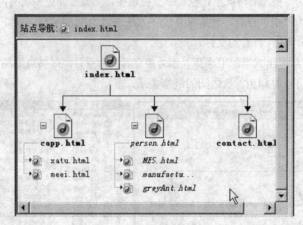

图 3-30　站点地图显示/隐藏链接示例

3. 修改站点地图

要修改站点地图，选中地图中的任一文件，再选择菜单"站点"，可以看到对站点地图中的文件可以"链接到新文件""链接到已有文件""改变链接""移除链接""打开链接源"等，通过这些操作可以修改站点地图直至满足要求。

3.9　实 例 分 析

下面介绍"金薯条设计奖网站"的创建和管理过程：

（1）为了更好地展示网站的设计效果，在本机安装一 Web 服务器，本课程选用 Apache Tomcat 4.1，读者可以通过网址 http://jakarta.apache.org/ 自行下载安装。

（2）如图 3-2 所示，选择菜单"站点"→"新建站点"菜单子项，打开如图 3-10 所示的对话框。

（3）在如图 3-10 所示的对话框中站点名称键入"金薯条设计网站"，本地根文件夹选择 Tomcat 可以识别的文件路径 "C:\Program Files\Apache Group\Tomcat 4.1\webapps\ROOT\F460_site\"。

（4）鼠标单击如图 3-10 所示对话框中的"测试服务器"选项，服务模型选择"无"，测试服务器文件夹仍选择 Tomcat 能识别的 "C:\Program Files\Apache Group\Tomcat 4.1\webapps\ROOT\F460_site\"，并且将 URL 前缀确定为 http://localhost:8080/F460_site/（8080 是 web 服务器端口，可根据实际情况相应变化）。

（5）选择"文件"→"设计备注"命令，打开"设计备注"对话框，如图 3-23 所示，添加文档设计状态、备注和时间等。

（6）如图 3-10 所示，对话框其余项不变，单击"确定"按钮实现站点的创建。

（7）参考如图 3-20 所示的文件和文件夹的编辑操作，创建文件夹 actionSample，display，hyperlink，images 等，创建的静态文件包括：index.htm，frameset.htm，left.htm，top.htm 和 main.htm 等。

（8）右键单击 index.htm，在弹出式菜单中选择"设成首页选项"。

（9）单击 🗗 图标，展开文件面板，如图 3-26 所示，通过指向文件图标🕸实现网站页面之间的链接关系，实现站点地图的创建，如图 3-31 所示。

（10）选择"站点"→"编辑站点"命令，打开编辑站点对话框，在左侧文本框中选择一个站点，选择右侧的"导出"按钮，完成站点.ste 文件的导出，以实现站点的备份。

图 3-31 "金薯条设计奖网站"站点地图

第4章 页面属性和文本设置

【内容】

本章围绕页面属性和文本设置展开讨论，主要介绍页面和文本属性的设置方法，并对文本不同形式的添加方法进行说明，最后讲解列表的使用方法和文本的缩进、凸出等应注意的问题。

【实例】

实例 4-1　网页设计课程表文件的导入。

实例 4-2　科技论文页面排版。

【目的】

通过本章的学习，使读者了解页面和文本的属性，掌握通过属性检查器设置文本的颜色、大小、字体等；能够利用文本的缩进、凸出以及列表对页面文本进行排版。

4.1　设置页面属性

新建一个 HTML 文档后，首先要设置页面属性。选择"修改"→"页面属性"菜单命令，或者在未选择页面中任何元素的状态下，激活设计视图。单击属性面板中的"页面属性"按钮，打开"页面属性"对话框，如图 4-1 所示，可以设置页面的外观、超链接信息、标题、网页标题/编码和跟踪图像等。

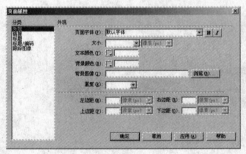

图 4-1　"页面属性"设置对话框

1. 外观

打开"页面属性"对话框，首先看到的是"分类"中的"外观"对话框，如图 4-1 所示，可以设置页面中的字体、页面背景及边距。"页面属性"对话框的"外观"选项中各选项的含义说明如下：

（1）页面字体：从该下拉列表框中选择页面所用的字体，如果没有需要的字体，可以选择"编辑字体列表"命令，在打开的对话框中添加，然后再进行选择。

（2）**B** **I**：两个按钮分别用来设置字体的加粗和倾斜效果。

（3）大小：设置页面中文字的大小，单位可以在其后的下拉列表中进行选择，包括像素、点数、英寸等。

（4）文本颜色：用于设置页面中文本的颜色，可以直接在后面的文本框中输入颜色码，也可以单击颜色选择器按钮，从弹出的颜色调色板中选择需要的颜色。

（5）背景颜色：用于设置页面的背景颜色，设定方法与文本颜色相同。

（6）背景图像：用于设置网页的背景图像。单击"浏览"按钮，在打开的选择文件对话框中选择一幅背景图像。

（7）重复：设置背景图像在页面上的显示方式。有"不重复""重复""横向重复"和"纵向重复"四个选项。其含义分别是：

1）不重复：不管图像多大，背景图像只显示一次。

2）重复：背景图像小于页面窗口时，横向和纵向平铺图像。

3）横向重复：背景图像小于页面窗口时，只在横向平铺图像。

4）纵向重复：背景图像小于页面窗口时，只在纵向平铺图像。

（8）边距组选项：在默认情况下，页面中的内容在设计视图中和窗口边框有一定的距离，即 Dreamweaver CS3 会自动设置一个边距值，也可以通过"左边距""右边距""上边距"和"下边距"指定网页在四个方向上的边距值。

2．链接

在"页面属性"对话框的"分类"列表中选择"链接"选项，切换到相应的选项页，如图 4-2 所示，可以设置当前网页中超链接的属性。"链接"选项中各选项的作用如下：

（1）链接字体：设置超链接文本的字体，从下拉列表中选择，选择"同页面字体"表示超链接的字体和普通字体一致。

（2）大小：用于设置超链接文字的大小。

（3）链接颜色：设置超链接的初始状态的颜色。

（4）变换图像链接：设置鼠标经过时链接文本的颜色。

（5）已访问链接：设置链接访问过后，再把鼠标放置在上面时的颜色。

（6）活动链接：设置鼠标单击链接时的文本颜色。

（7）下画线样式：设置超链接添加下画线的样式。有"始终有下画线""始终无下画线""仅在变换图像时显示下画线"和"变换图像时隐藏下画线"4 个选项。

3．标题

选择"标题"选项，打开如图 4-3 所示的对话框，主要是设置标题级别，有"标题 1"～"标题 6"共 6 个级别。在默认情况下标题都是黑体，标题 1 的字号最大，标题 6 的字号最小。用户可以设置各级标题的字体、样式、大小和颜色等效果。

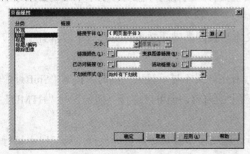

图 4-2　链接属性的设置

图 4-3　标题属性的设置

4. 标题/编码

"标题/编码"选项用于设置网页的标题和编码信息。在浏览网页时,网页标题首先显示在浏览器的标题栏中,在新建一个文档文件后,可以首先在如图 4-4 所示的对话框中设置标题。

"文档类型(DTD)"设置文档类型定义,默认是"XHTML 1.0 Transitional",使 HTML 与 XHTML 兼容。

为了正确显示网页的内容,必须选择正确的编码,"编码"下拉列表中列出了多种语言选项,一般中国大陆选择"简体中文(GB2312)"选项。

5. 跟踪图像

跟踪图像可以用来在设计页面时插入用作参考的图像文件,在预览时并不会显示出来,只是作为一个被描绘的图像。选择"跟踪图像"选项,切换到如图 4-5 所示的对话框,单击"跟踪图像"后面的"浏览"按钮,将加载跟踪图像;"透明度"用来设置跟踪图像的透明效果,拖动滑块即可设置透明度和不透明度。在默认情况下,跟踪图像在文档窗口中的透明度是 0%,不透明度是 100%,

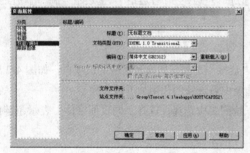

图 4-4 标题/编码属性的设置

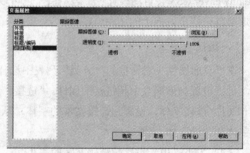

图 4-5 跟踪图像属性的设置

4.2 文 本 对 象

4.2.1 添加普通文本

在页面文档中可以任意输入文本,输入文本的方法很简单,输入的过程就不介绍了,主要说明一下在输入过程中如何进行换行设置。Dreamweaver 中换行方式分为 3 种。

(1)自动换行:输入文本时,如果一行的宽度超过了文档窗口的显示范围,文字将自动换到下一行,在 IE 中浏览时,文字将根据浏览窗口大小自动换行,避免用户需要移动水平滚动条来才能阅读网页内容。

(2)回车换行:也叫硬换行,在需要换行的文本后按回车键,文本将另起一个段落且上下段之间出现的间距较大。

(3)强制换行:用"Shift+回车"键,需要换行且中间又不显示较大间隔时,按下"Shift+回车"键,即只是进行了强制换行,但是上下还是一个段落中的内容。也可以选择"插入"→"HTML"→"特殊字符"→"换行符"命令来实现该功能。

3 种效果如图 4-6 所示。第一段后是回车换行,第二段中的几行是自动换行,第三段中每行是"Shift+回车"键换行效果。

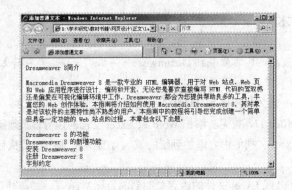

图 4-6 普通文本三种典型换行方式

4.2.2 从 MS Office 文档复制和粘贴文本

众所周知，MS Office 是专业的办公软件，有强大的文字和表格处理功能。Dreamweaver CS3 中对 MS Office 文档提供了完全的支持，用户可以直接在 MS Office 文档中复制内容，然后粘贴到 Dreamweaver 中。粘贴的方法是选择"编辑"→"粘贴"或者"选择性粘贴"命令将 Word 文档中的内容粘贴到页面窗口中。

（1）粘贴：直接粘贴原内容，但不包含字体、字号、字型等样式。

（2）选择性粘贴：选择"选择性粘贴"命令，打开对话框如图 4-7 所示，用户可根据自己的需要选择不同的设置，得到不同的粘贴效果。各选项的含义说明如下：

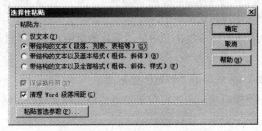

图 4-7 "选择性粘贴"对话框

- 仅文本：仅粘贴文本不粘贴格式。如果原始文本带有格式，所有格式设置都将被删除。
- 带结构的文本（段落、列表、表格等）：可以粘贴文本并保留结构，但不保留基本格式设置。也就是说可以粘贴文本并保留段落、列表和表格结构等，但是不保留粗体、斜体和其他格式设置。
- 带结构的文本以及基本格式（粗体、斜体）：粘贴结构化并带简单 HTML 格式的文本，如段落和表格以及带有其他标签的格式化文本。
- 带结构的文本以及全部格式（粗体、斜体、样式）：粘贴文本并保留所有结构、HTML 格式设置和 CSS 样式。
- 保留换行符：可保留所粘贴的文本中的换行符。如果选择了"仅文本"，则此选项将被禁用。
- 清理 Word 段落间距：粘贴文本时删除段落之间的多余空白间距。
- 粘贴首选参数：单击该按钮，将打开"首选参数"对话框，设置默认使用"粘贴"命令时使用哪种方式进行粘贴。

4.2.3　导入文本

除了可以将 Word 文档的内容复制到 Dreamweaver 中外，还可以直接导入 Word 文档。但值得注意的是：

● Dreamweaver 将文件转换为 HTML 后，其大小必须小于 300 KB。

● 如果使用 Office 97，将无法添加 Word 或 Excel 文档的内容，必须插入指向该文档的链接。

若要将 Word 或 Excel 文档的内容添加到新的或现有的 Web 页中，请执行以下操作（插入 Word 文档，Excel 文档）：

（1）打开要将 Word 或 Excel 文件的内容复制到的目标 Web 页，如果使用 Office 97，将无法添加 Word 或 Excel 文档的内容，必须插入指向该文档的链接。

（2）执行以下操作之一以选择文件。

● 将文件从当前位置拖放到希望在其中显示内容的 Web 页中。在对话框中选择"将文档的内容插入到此 Web 页中"。

● 选择"文件"→"导入"→"Word 文档"或"文件"→"导入"→"Excel 文档"。在"打开"对话框中，浏览到要添加的文件，然后单击"打开"按钮即可。

4.2.4　插入指向 Word 或 Excel 文档的链接

在 Web 页面编辑过程中，有时希望在该页面创建指向特定文本文件的链接，在 Dreamweaver 中可通过以下步骤实现：

（1）打开希望在其中显示链接的页。

（2）将文件从当前位置拖放到希望在其中显示链接的页中，出现"插入 Microsoft Word 或 Excel 文档"对话框。

（3）选择"创建链接"，然后单击"确定"按钮。

（4）如果正在创建的链接所指向的文档位于站点的根文件夹以外，将提示用户将文档复制到站点根文件夹。

（5）指向 Word 或 Excel 文档的链接出现在页中。

实例 4-1：网页设计课程表文件的导入。

（1）事先在 Microsoft Excel 中编辑网页设计表格文件，如图 4-8 所示。

A	B	C	D	E	F	G	H
课次	月份	周次	讲课	习题课、课外作业	学时	教学方法	操作
1	9月27日	3	网页设计基本概念 HTML基础		2	讲授	
2	10月4日	4	创建及编辑和管理站点		2	讲授	上机
3	10月11日	5	文本设置与操作 设置列表格式 页面排版		2	讲授	上机
4	10月18日	6	图片的设置和使用 声音的设置和使用		2	讲授	上机
5	10月25日	7	框架的使用		2	讲授	上机
6	11月1日	8	超链接		2	讲授	上机
7	11月8日	9	HTML中表单网页设计		2	讲授	上机

图 4-8　网页设计课程表 Excel 文档内容

（2）新建网页文件，选择"文件"→"导入"→"Excel 文档"命令，浏览选择刚创建的 Excel 文件，单击"打开"即可实现文件的导入功能。

（3）在 Dreamweaver 设计窗口选择刚创建的表格，在属性检查器中设置其属性：边框 1，填充 0，间距 0，通过浏览文件确定其背景图像为 bground.jpg。

（4）通过资源管理器找到网页设计课程表 Excel 文件，将文件所在窗口变小，用鼠标选择该文件，直接拖动到 Dreamweaver 设计视图中，将弹出如图 4-9 所示的"插入文档"对话框，选择创建超链接，则在页面上将会出现以 Excel 文件名称命名的超链接。

导入 Excel 文件和链接后的页面设计效果如图 4-10 所示，可在 Dreamweaver 中通过功能键 F12 打开 IE 浏览。

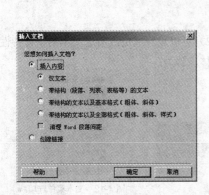

图 4-9　"插入文档"对话框

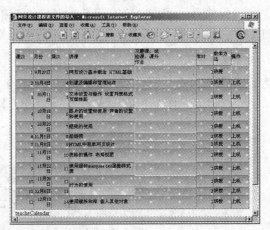

图 4-10　网页设计课程表文件导入页面设计效果

4.3　设置文本属性

1．文本属性面板

在 Dreamweaver 中，属性面板显示在文档窗口的下方，选择文本对象时，该面板中会显示出文本的相关属性。文本的属性面板如图 4-11 所示，各选项的作用如下：

（1）格式：用于选择段落及其格式以及设置标题级别。

（2）字体：用于选择文本的字体。

（3）样式：用于设置文本的 CSS 样式。

（4）大小：用于选择字体的大小及单位。

（5）CSS 按钮 CSS ：用于打开 CSS 样式面板，设置 CSS 样式。

（6）文本颜色选择器：用于设置文本的颜色。设置任何一种颜色，在其右侧的文本框中显示 6 位十六进制数并在前面有符号#。当然也可以直接在该文本框中输入#符号并随后键入 6 位十六进制数来设置文本的颜色。

（7）粗体和斜体：选择 **B** 字体加粗或者 *I* 字体倾斜显示。

（8）对齐方式选项：设置文本段落的对齐设置，有左对齐 ，居中对齐 ，两端对齐 和右对齐 。

（9）项目列表 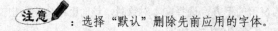 和编号列表 ：：用于为段落设置项目符号和编号方式。

（10）文本凸出 ：和文本缩进 ：：设置段落的凸出和缩进效果。凸出是指文本段落向左移动，而缩进是指文本段落向右移动。

（11）链接：设置所选文本的超链接信息。可以通过"指向文件"图标 拖动到"站点"面板中的文件，也可以单击浏览文件夹图标 浏览到站点中的文件，或者在文本框中直接输入被链接文件的路径和文件名。

（12）目标：选择链接文件打开的目标方式。只有设置了链接后，才能进行该项设置。特别是当前文档中有框架时，经常会使用此选项。

（13）页面属性：单击此按钮，打开"页面属性"对话框，可以进行属性的设置。

（14）列表项目：此选项只在应用了"项目列表"和"编号列表"后才能使用，单击此按钮，打开"列表属性"对话框，可用于设置列表的相关属性或修改列表的属性等。

2．设置文本格式

使用属性检查器或"文本"菜单中的选项（见图 4-12）可以设置或更改所选文本的字体特性，也可以设置字体类型、样式（如粗体或斜体）和大小，具体步骤为：

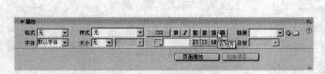

图 4-11　文本属性面板　　　　　　　　　　　　图 4-12　文本菜单选项

（1）选择文本。如果未选择文本，更改将应用于随后键入的文本。

（2）若要更改字体，请从属性检查器或"文本"→"字体"子菜单中选择字体组合。

（3）若要更改字体大小，请从属性检查器或"文本"→"大小"子菜单中选择大小。

（4）若要增加或减小所选文本的大小，请从属性检查器或"文本"→"改变大小"子菜单中选择相对大小。

注意：选择"默认"删除先前应用的字体。

3．更改文本颜色

可以更改所选文本的颜色，使新颜色覆盖"页面属性"中设置的文本颜色。（如果未在"页面属性"中设置任何文本颜色，则默认文本颜色为黑色），若要更改文本颜色，请执行以下操作：

（1）单击属性检查器中的颜色选择器，从调色板中选择一种颜色。

（2）选择"文本"→"颜色"命令，出现系统颜色选择器对话框。选择一种颜色，然后单击"确定"按钮。

（3）直接在属性检查器域中输入颜色名称或十六进制数字。

（4）若要定义默认文本颜色，请使用"修改"→"页面属性"命令。

（5）若使文本返回默认颜色，可执行的操作为：

● 在属性检查器中，单击颜色框打开网页安全色面板。

● 单击删除线按钮 （即位于右上角的白色方形按钮，中间有一条红线）。

4.4 使 用 列 表

为了使文本内容更有条理性，可以为文本添加列表。列表包括项目列表和编号列表两种。项目列表是没有标明序号的，但是每一项前面都有相同的符号显示，而编号列表每一项前面都有序号显示。

1. 创建列表

项目列表也叫无序列表，设置项目列表可通过属性检查中的按钮 ▤ 实现。选中需要设置项目列表的段落后，单击项目列表按钮即可。预览可看到效果如图 4-13 所示。编号列表也叫有序列表，设置编号列表可通过属性检查器中编号列表，也叫有序列表，设置编号列表使用 ▤ 按钮，选中需要设置编号列表的段落后，单击编号列表按钮即可，预览效果如图 4-14 所示。

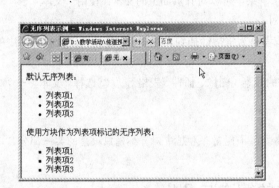

图 4-13　无序列表示例　　　　　　　　　　　图 4-14　有序列表示例

若要创建新列表，请执行以下操作：

（1）单击属性检查器中的"项目列表"或"编号列表"按钮。

（2）选择"文本"→"列表"命令，然后选择所需的列表类型："不排序（项目）列表""排序（编号）列表"或"定义列表"。

（3）键入列表项文本，然后按 Enter 键(Windows)。

（4）若要完成列表，按两次 Enter 键。

2. 编辑列表

列表设置完成后，还可以修改列表的符号。方法是单击 列表项目... 按钮，打开"列表属性"对话框，如图 4-15 所示。

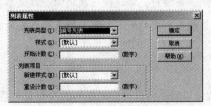

图 4-15　"列表属性"对话框

"列表属性"对话框中各选项的含义说明如下：

（1）列表类型：设置列表的属性。选项有项目列表、编号列表、目录列表和菜单列表。根据所选的"列表类型"，对话框中将出现不同的选项。

（2）样式：确定用于项目列表和编号列表的样式。项目列表的列表样式共有 3 种，即默认、项目符号和正方形。编号列表的列表样式有默认、数字、小写罗马字母、大写罗马字母、小写字母、大写字母 6 种。

（3）开始计数：设置第一个编号列表的值从哪个数开始。

（4）新建样式：可以指定所选列表项的样式。

（5）重新计数：可以设置用来从其开始为列表项编号的特定数字。

4.5　文本的对齐

使用属性检查器或选择"文本"→"对齐"子菜单可以对齐页面上的文本。使用"文本"→"对齐"→"居中对齐"命令可以将页面元素居中对齐。

（1）对齐文本：①选择要对齐的文本，或者只需将指针插到文本开头。②单击属性检查器中的对齐选项或者选择"文本"→"对齐"命令。

（2）将元素居中对齐：①选择要居中对齐的元素（图像、插件、表格等）。②选择"文本"→"对齐"→"居中对齐"命令。

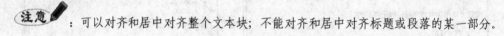：可以对齐和居中对齐整个文本块；不能对齐和居中对齐标题或段落的某一部分。

4.6　文本的缩进与凸出

1. 普通段落的缩进和凸出

对于文档中的段落，可以设置其缩进和凸出效果。文本缩进是指将段落文本向右缩进，文本凸出是指将段落文本向左凸出，二者互为可逆。使用"缩进"命令可以将<blockquote> HTML 标签应用于文本段落，缩进页面两侧的文本。设置文本缩进和凸出的方法为：

（1）将插入点放在要缩进的段落中。

（2）单击属性检查器中的"缩进"或"凸出"按钮，选择"文本"→"缩进"或"凸出"，或从右键快捷菜单中选择"列表"→"缩进"或"凸出"。

注意：可以对段落应用多重缩进。每选择一次该命令，文本就从文档的两侧进一步缩进。如图 4-16 所示，第一、二段落是缩进两次的效果，第三段落是凸出的效果，第四段落是缩进一次的效果。

2. 列表的缩进和凸出

对于列表使用缩进和凸出效果以后，可以设置列表的层次嵌套关系，如图 4-17 所示。创建嵌套列表的一般步骤为：

（1）选择要嵌套的列表项。

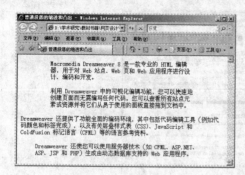
图 4-16 普通段落的缩进与凸出

图 4-17 列表混合嵌套示例

（2）单击属性检查器中的"缩进"按钮，或选择"文本"→"缩进"命令。

（3）实现文本的缩进并创建一个单独的列表，该列表具有原始列表的 HTML 属性。

（4）按照以上使用的同一过程，对缩进的文本应用新的列表类型或样式。

实例 4-2：科技论文页面排版。

（1）新建页面文件，并将光标定位在 Dreamweaver 设计视图。

（2）键入文章名称，然后选择刚才输入的文字，在属性检查器中设置其格式属性为"标题 1"，并设置其为粗体、居中。

（3）在代码视图中光标定位在标签符<strong>之后，选择"插入记录"→"标签"菜单项，在标签选择器对话框中选择标题"marquee"，跑马灯属性设置代码为：

```
<marquee height="30" width="100%" bgcolor="#D9ECFF" >
Research of Tools Rapid Preparation System for Aerospace Manufacturing Enterprise
</marquee>
```

（4）回车在光标处添加文字"Fang Yadong , Du Laihong, Chen Hua"，选择上述文字，在属性检查器中设置其为居中对齐。

（5）通过快捷键"Ctrl+Enter"实现强制换行，在下面一行输入作者单位信息"The Institute of Mechanical and Electrical Engineer, Xi'an Technological University, Xi'an, Shaanxi 710032, P.R.C"，选择上述文字，在属性检查器中设置其为斜体。

（6）选择"插入记录"→"HTML"→"水平线"菜单项，在属性检查器中设置其属性：宽 100%，高 10，无阴影。

（7）输入文字"INTRODUCTION"，在属性检查器中设置其属性：大小"大"，加粗，居中对齐，单击"项目编号"按钮，打开列表属性对话框，列表样式为"大写罗马字母"。

（8）文字"Research of tools rapid preparation"设置方法与步骤（7）相同。

（9）输入文字"The steps of selection decision for tools preparation methods as follows:"，格式保持不变。

（10）输入文字"Determine time, cost and tasks priority in the process of tools preparation"，并在属性检查器中单击项目列表。

（11）输入文字"Calculate the total time…"和"Calculate the total cost…"，在属性检查器中单击"文本缩进"按钮，实现二级项目符号的制定。

最终页面文字的排版效果如图 4-18 所示。

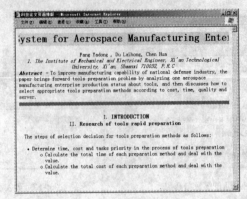

图 4-18　科技论文页面排版的最终效果

第 5 章　图像和图像对象

【内容】

本章主要讨论使用网页图像的基本知识，介绍网页中图像的常用格式和使用方法，并讲述图像插入、映射和属性设置的方法和过程；通过三个实例给出图像热点的建立、插入鼠标经过图像、页面导航条等图像对象的插入过程和注意事项。

【实例】

实例 5-1　图像热点的建立。

实例 5-2　插入鼠标经过图像。

实例 5-3　页面导航条的制作。

【目的】

通过本章的学习，使读者了解图像和图像对象的基础知识，熟悉网页中插入、设置图像的步骤；掌握利用 Dreamweaver CS3 设置图像热点、制作导航条的方法。

5.1　网页中的图像格式

图像是网页制作中一个不可缺少的元素，在页面中恰当使用图像，不仅可以使网页美观，更重要的是可以直观地表达信息，同时吸引浏览者。因此，无论是个人网站，还是其他网站，如果希望向人们展示精心制作的图文并茂的网页，必须要使用图像和图像对象。图像的文件格式有很多种，但网页中通常使用的只有三种：GIF 图形文件格式、JPEG 图形文件格式和 PNG 图形文件格式，三种格式的对比如表 5-1 所示，分别描述如下：

表 5-1　GIF，JPEG，PNG 三种图形文件格式的比较

技术指标	GIF	JPEG	PNG
可存储的颜色数	8-bit	24-bit	48-bit
压缩技术	非失真压缩	失真压缩	非失真压缩
透明色系	支持	不支持	支持
动画	支持	不支持	不支持
扩展名	.gif	.jpeg，.jpg	.png

（1）GIF 图形文件格式。GIF(Graphics Information Format)格式最多使用 256 种颜色，最适合显示色调不连续或具有大面积单一颜色的图像。GIF 图形文件是经过压缩的，但不会造成失真。该格式还支持动画，因此网页中大多数动画图像都采用这种格式。

（2）JPEG 图形文件格式。JPEG 是由 Joint Photographic Expert Group 所发展的，这个组织发展 JPEG 格式主要的目的是要存储照片等用于摄影或连续色调的图像。由于照片通常为实物或风景，因此 JPEG 支持 24-bit 真彩色。

（3）PNG 图形文件格式。PNG（Portable Network Graphics）是一种替代.gif 的格式，支持 48-bit 真彩色和 65，536 层的透明阶层效果，同时采用比 GIF 更有效率的非失真压缩技术。缺点是图形文件大小比 GIF，JPEG 图形文件大，不支持动画。

5.2　插　入　图　像

在网页中插入图像，可以执行下列操作之一。

（1）选择"插入记录"→"图像"命令，打开"选择图像源文件"对话框，如图 5-1 所示。选择适合的图像文件，单击"确定"按钮即可把图像插入到网页中。

（2）单击"常用"工具栏中的 <img> 按钮，选择"图像"，也可以打开如图 5-1 所示的对话框，同上操作即可完成，如图 5-2 所示为插入图像的效果。

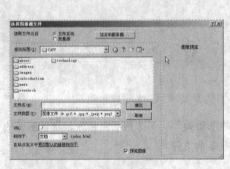

图 5-1　"选择图像源文件"对话框　　　　　　　图 5-2　插入图像的效果

5.3　设置图像的属性

在页面中插入一幅图像后，需要通过设置图像属性来满足设计要求。当选择一幅页面中的图像后，属性面板中列出的就是该图像具有的属性，如图 5-3 所示。

图 5-3　图像属性设置

属性面板中的各选项的功能说明如下：

（1）图像：即图像名称。在动态网页中，为方便在 JavaScript 等脚本语言中对图像的引用，须为图像设置名称。如果该图像没有在脚本中引用，可以不设置图像名称。

（2）宽，高：设置图像的宽度和高度，即可输入数值改变图像大小，单位为像素。

（3）源文件：图像文件所在的目录及名称，可以单击后面的指向文件图标或者文件浏览按钮，选择新的图像来替换现在的图像。

（4）链接：指定图像的超链接，可以通过指向文件图标或者文件浏览按钮来选择。

（5）替换：设置图像的说明性文字，当浏览者将鼠标移向该图像时显示提示信息；还可以在浏览者关闭图像显示功能时，在图片位置上显示这些文字提示，以便浏览者了解图像的内容。

（6）编辑：编辑图像的工具。插入页面中的图像，可以通过"编辑"工具进行编辑，如在 Fireworks 中编辑修改、优化等，还可以通过裁剪、重新采样、改变亮度和对比度或者锐化等命令进行操作。

（7）地图：图像热点的操作方法详见 5.4 节。

（8）垂直边距/水平边距：用于设置图像和页面上其他元素之间的垂直距离和水平距离。

（9）目标：设置链接网页载入时的页面打开方式，即链接页面的目标窗口。

（10）低解析度源：设置低分辨率的图像。在图像被下载之前，先载入低分辨率的图像，以便使浏览者及早地了解图像的信息。

（11）边框：可以设置边框的粗细，以像素为单位。当边框值为零时，没有边框。

（12）对齐：设置图像垂直对齐方式与页面中文本的绕排方式，有以下的取值。

- 默认值：一般浏览器默认方式是基线对齐方式。
- 基线：基线对齐方式是使图像的底部与文字的基线对齐。
- 顶端：使图像的顶部与当前行中最高对象的顶部对齐。
- 居中：图像的中间与当前的基线对齐。
- 底部：底部对齐方式与基线对齐方式基本相同。
- 文本上方：图像的顶部与当前行中最高的文字顶部对齐。
- 绝对居中：图像的中间与当前文字或对象的中间对齐。
- 绝对底部：图像的底部与当前文字或对象的绝对底部对齐。
- 左对齐：文字在图像的右端自动回行。
- 右对齐：文字在图像的左端自动回行。

（13）▤ ▤ ▤：即对齐方式。设置图像水平对齐方式，指的是图像与其所在的段落的对齐，有左对齐、居中对齐和右对齐三种。

5.4 图像映射

图像映射也叫热点链接，是指将一个图像划分为多个区域，并将每个区域链接到不同的网页、URL 或其他资源中。划分处的这些区域叫做热点，Dreamweaver CS3 支持矩形(Rectangle)、圆形（Circle）和多边形(Polygon)三种热点形状。制作图像映射，就是设置图像属性面板中的如图 5-4 所示的属性。

（1）矩形热点工具▭：选择该工具，然后在图像上拖动画出一矩形热点，如图 5-5 所示。此时属性面板中显示的就是该热点的属性，如图 5-6 所示，在"链接"中可以为该热点设置超链接，然后通过"目标"设置超链接打开的方式，"替换"和图像属性面板中的含义类似。

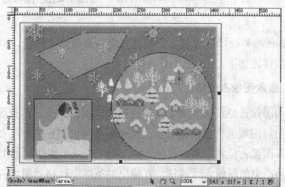

图 5-4 热点工具   图 5-5 图像矩形热点设置示例

图 5-6　图像热点属性的设置

（2）圆形 ○：选择圆形热点工具在图像上拖动，绘制出圆形热点工具，方法和属性同矩形热点，效果如图 5-5 所示。

（3）多边形 ▽：选择多边形热点工具，然后将光标分别依顺时针或逆时针方向移到多边形的各个角点，结束该多边形时双击即可，效果如图 5-5 所示。

实例 5-1：如图 5-7 所示是一张中国地图，如果希望单击其中的一个地方，则打开相应的网站。譬如单击陕西所在的位置，打开陕西的政府门户网站 http://www.shaanxi.gov.cn，具体操作如下：

图 5-7　热点示例图片

（1）打开 Dreamwerver CS3，利用 5.2 节讲述的方法将该图片插入到一个页面文件中。

（2）选中图片，在属性面板的左下方可以看到热点工具，选择多边形热点，然后在"陕西"区域的边界线上依次单击，就会创建一个热点区域。

（3）在属性面板的链接文本框中输入地址 "http://www.shaanxi.gov.cn"，在目标下拉列表中选择 "_blank"，在"替代"文本框中输入 "陕西政府门户网站"。

（4）保存并预览，此时单击图中的"陕西"区域，即可打开相应站点。

5.5　插入图像对象

Dreamweaver CS3 中包含的图像对象包括图像占位符、鼠标经过图像、导航条和 Fireworks HTML 文件等，详述如下：

1．插入图像占位符

插入图像占位符主要用于在网页图像未制作完成，但页面布局和其他内容都准备妥当的情况下，应用它先将图像的位置预留下来，从而提高网页制作的速度和效率。

插入图像占位符，可以选择"插入记录"→"图像对象"→"图像占位符"命令，或者单击"常用"工具栏中的图像 ▣ - 按钮，在弹出的菜单中选择"图像占位符"命令，打开如图 5-8 所示的"图像占位符"对话框。设置相关属性后，页面中的效果如图 5-9 所示。

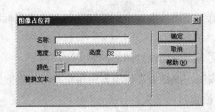

图 5-8　"图像占位符"对话框　　　　图 5-9　图像占位符插入示例

"图像占位符"对话框中各选项功能说明如下：

（1）名称：用于输入图像占位符的名称。

（2）宽度/高度：设置占位符在页面上所占的大小，单位为像素，此项必须设置。

（3）颜色：为了在浏览时更清晰地看到预留的占位符，可以给占位符设置一种颜色。

（4）替换文本：用于输入一些该位置要放置的图像的说明性文字。

2．插入鼠标经过图像

制作鼠标经过图像时图像发生改变的效果，要用"插入鼠标经过图像"来实现。现将光标放置在要插入图像的位置，然后选择"插入记录"→"图像对象"→"鼠标经过图像"命令，或者单击"常用"工具栏中的图像按钮 圖 ，从弹出的下拉菜单中选择"鼠标经过图像"，打开"插入鼠标经过图像"对话框，如图 5-10 所示。

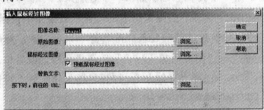

图 5-10　"插入鼠标经过图像"对话框

"插入鼠标经过图像"对话框中各选项的功能说明如下：

（1）图像名称：输入鼠标经过图像的名称，在默认情况下，页面中鼠标经过的第一个图像名为 Image1，第二个为 Image2，依此类推。

（2）原始图像：浏览页面时看到的图像，可以通过右侧的浏览按钮，打开一个"Original image"对话框，选择要载入的图像。

（3）鼠标经过图像：当浏览时，把鼠标移动到图像位置时，看到的图像就是鼠标经过图像，同"原始图像"方法一样可以选择要载入的图像。

（4）预载鼠标经过图像：选中此复选框，则鼠标经过图像预先载入缓存中，在鼠标移动到图像位置时不发生延迟。

（5）替换文本：同图像属性面板中的"替换"功能。

（6）按下时，前往的 URL：用于设置当鼠标单击图像位置时要打开的文件，可以通过右侧的浏览按钮添加链接的文件。

实例 5-2：鼠标经过图像的操作，具体操作如下：

（1）打开 Dreamweaver CS3，新建一个页面文件或者选择站点中的某个文件；

（2）选择"插入记录"→"图像对象"→"鼠标经过图像"命令，打开"插入鼠标经过图像"

对话框。

（3）在"原始图像"文本框中通过"浏览"按钮选取一个图像文件 1.jpg；"鼠标经过图像"框中通过"浏览"选取另一图像文件 2.jpg。

（4）在"替换文本"文本框中输入一段文本"鼠标经过图像的效果"。

（5）设置相应的选项后，单击"确定"按钮，保存并在浏览器中预览时可查看效果。如图 5-11所示分别为打开页面时的图像和鼠标经过图像位置时的效果。

初始效果示例   鼠标经过时效果示例

图 5-11　效果示例

3. 导航条

在 Dreamweaver CS3 中，一个页面中可以插入一个导航条。一个"导航条"由多个导航条元件组成，每个导航条元件又是由多个状态下的图像组成的。显示效果完全根据用户执行的动作而改变。

（1）创建导航条。在使用导航条功能前要首先准备好一系列图像，然后将光标放置在要插入导航条的位置，选择"插入记录"→"图像对象"→"导航条"命令，或者单击"常用"工具栏中的图像按钮 ，从弹出的下拉菜单中选择"导航条"，打开"插入导航条"对话框，如图 5-12 所示。

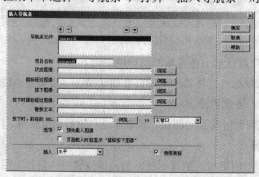

图 5-12　"插入导航条"对话框

"插入导航条"对话框中各选项的功能说明如下：

● 导航条元件：是一个列表框，列出该导航条中添加的导航条元件的名称。
● 项目名称：每个导航条元件都要通过该项命名。该名称不能以数字开头。
● 状态图像：浏览时看到的初始图像，通过"浏览"按钮添加。
● 鼠标经过图像：鼠标经过图像时显示的图像。
● 按下图像：鼠标在图像中单击时显示的图像。
● 按下时鼠标经过图像：单击后，再次把鼠标移动到图像上时显示的图像。
● 替换文本：同"鼠标经过图像"中的替换文本。

- 按下时，前往的 URL：同"鼠标经过图像"中的"按下时，前往的 URL"。
- in：设置前往的 URL 打开的方式。默认情况下前往的 URL 是在主窗口中打开，页面中有框架时，该下拉列表中会有子框架的名称。
- 选项：预先载入图像同"鼠标经过图像"中的预先载入图像；页面载入时就显示"鼠标按下图像"。选择该选项，则在浏览页面时，不会显示"状态图像"的效果。
- 插入：设置导航条在页面上的效果，是以水平方式还是以垂直方式显示。
- 使用表格：该复选项表示创建导航条中的每个导航条元件时是按照表格的一行还是一列显示。
- ⊞ ⊟："+"号是添加项，"—"号是移除项，即分别添加和移除导航条元件。
- ▲ ▼："上三角"表示在列表中上移项，"下三角"表示在列表中下移项。对于导航条中的若干个导航条元件，可以通过上述按钮进行上移和下移的操作。

（2）编辑导航条。一个页面中只能有一个导航条，在页面中创建一个导航条后，如果准备通过上述操作再插入一个导航条时，就弹出如图 5-13 的窗口，单击"确定"按钮，则打开了修改导航条的窗口。另外，当需要修改导航条时，也可以通过选择"修改"→"导航条"命令打开修改导航条的窗口，如图 5-14 所示。

图 5-13　导航条插入错误提示对话框　　　　图 5-14　"修改导航条"对话框

实例 5-3：导航条的制作，具体操作如下：

（1）打开 Dreamweaver CS3，新建一个页面文件或者选择站点中的某个文件。

（2）选择"插入记录"→"图像对象"→"导航条"命令，打开"导航条"对话框。

（3）在"项目名称"文本框中输入一个项目名称，然后分别在"状态图像""鼠标经过图像""按下图像"和"按下时鼠标经过图像"文本框中通过"浏览"按钮选取四种状态下的图像文件，如 down card.gif，ovdown card.gif，roll card.gif，up card.gif。

（4）其他选项按默认设置，设置完成后，单击 ⊞ 按钮添加第二个导航条元件。

（5）重复步骤（3），（4）可以添加并设置若干个导航条元件。

（6）设置完成后，单击"确定"按钮，保存后并在浏览器中预览时可查看各个状态的效果，如图 5-15 至图 5-18 所示。

图 5-15　导航条初始状态效果　　　　图 5-16　导航条鼠标经过效果

图 5-17　导航条按下鼠标效果　　　　　图 5-18　导航条按下时鼠标经过效果

4．Fireworks HTML

在 Dreamweaver CS3 中，用户可以插入由 Fireworks 产生的 HTML 代码。通过该功能可以方便地将 Fireworks 创建的图像映射添加到网页中。

选择"插入记录"→"图像对象"→"Fireworks HTML"命令，或者单击"常用"工具栏中的图像 按钮，从弹出的菜单中选择 Fireworks HTML 图标，打开"插入 Fireworks HTML 文件"对话框，如图 5-19 所示。单击"浏览"按钮，在打开的"选择 Fireworks HTML 文件"对话框中选择要插入的 Fireworks HTML 文件，单击"确定"按钮，即可完成。

图 5-19　"插入 Fireworks HTML"对话框

第 6 章　超　链　接

【内容】

本章讲述了超链接的概念及使用，包含相对链接、绝对链接、空链接以及电子邮件链接和锚记链接等。链接的设置和使用都比较简单，其中的难点就是如何合理地设置页面的链接，这点需要仔细地体会。设置链接本着简单便捷的原则，另外在设置链接时要充分考虑链接目标的设置。

【实例】

实例 6-1　创建基本超链接。

实例 6-2　创建 E-mail 链接。

实例 6-3　创建锚记链接。

【目的】

通过本章的学习，使读者了解超链接的概念和 URL 的实质，熟悉网页中各种超链接的设置方法和步骤。使读者能够利用合理设置网站导航链接，实现网站创建过程中页页相通和页面内容的快速获取。

6.1　认识超链接

6.1.1　超链接的概念

网站都是由许多网页组成的，网页之间通常又是通过超链接方式相互建立关联的。超链接是 Web 的精华，没有超链接，就无法通过单击的方式遨游 Web 世界；而如果没有了单击的功能，Web 就会是死水一潭。没有超链接的网页在 Web 世界里没有实际意义，网站也就失去了存在的意义。

超链接简称链接，是指从一个网页指向一个目标对象的连接关系，该目标对象可以是网页，也可以是当前网页上的不同位置，还可以是图片、电子邮件地址、文件（如多媒体文件或者 Microsoft Office 文档），甚至可以是应用程序。

超链接的应用范围很广，利用它不仅可以链接到其他网页，还可以链接到其他图像文件、多媒体文件及下载程序，也可以利用它在网页内部进行链接或是发送 E-mail 等。在 Dreamweaver 中，可以将文档中的任何文字及任意位置的图片设置为超链接。超链接类型有页间链接、页内链接、E-mail 链接、空链接及脚本链接等。

一个超链接的基本格式如下：<A HREF="资源地址">链接文字</A>

● 标签<A>表示链接的开始。

● </A>表示链接的结束。

● 属性"HREF"定义了这个链接所指的地方。

● 通过单击"链接文字"可以到达指定的文件。

实例 6-1：创建基本超链接。

（1）打开 Dreamweaver CS3，新建一个静态页面文件。

（2）光标定位在"文档"窗口中标签符<body></body>之间。

（3）键入<A HREF="http://www.edu.cn">教育网</A>。

（4）保存后，按下功能键 F12，当在浏览器中浏览时单击"教育网"，可打开 http://www.edu.cn 中国教育网站点。

6.1.2　URL 概述

1．URL 概念

URL，全称为 Universal Resources Locator，即统一资源定位器。它用于定位 Web 上的文档信息，是互联网上用来描述信息资源的字符串，主要用于各种互联网客户程序和服务器程序上。URL 使用统一的格式描述信息资源。

一个 URL 包括三部分：协议或者服务方式、资源所在主机的 IP 地址、文件路径。即信息服务方式（访问方法）：//信息资源的地址/文件路径，如 http:// news.163.com/ 08/ 0604/ 00/ 4DI7GDNH0001124J.html。

2．路径的类型

路径实际是对存放文档位置的描述，如对个人住址的简单描述"陕西"，只是在互联网中这种方式使用 URL 定义，路径可分为三种类型。

（1）绝对路径。文档完整的 URL，即某个文件在网络上的完整路径，包括传输协议。

① http://表示协议，访问WWW时通常都使用该协议。

② 是主机域名，用来确定保存网页的计算机。

③ 是路径名，它指出网页保存在计算机的目录。

④ 是文档名，表示最终显示的网页。

图 6-1　URL 绝对路径示例

（2）相对路径。它是指以当前文档所在位置为起点到被链接文档经由的路径。这是用于本地链接的最方便的表述方式。文档间的相对路径省去了当前文档和被链接文档间完整的 URL 中相同的部分，只留下不同的部分。即使站点根目录位置发生了改变，这种形式的链接也不会受到任何影响。

使用相对 URL 时，经常使用两个与 DOS 类似的符号。

①句点（.）表示当前目录；

②双重句点（..）表示当前目录的上一级目录。

如图 6-2 所示的是 CAPP 站点的目录结构，下面以此站点中的文件为例，说明相对路径的书写方法。

●　如果创建站点根目录中的首页文件 index.html 到 duanluo.html 的链接，链接路径就是 duanluo.html。

●　如果创建首页文件 index.html 到 address 目录中的 addr1.html 的链接，链接地址应是 "address/addr1.html"。

●　如果创建从 address 目录下的 addr2.html 到站点根目录下的 index.html 的链接，链接地址为

"../ index.html"。

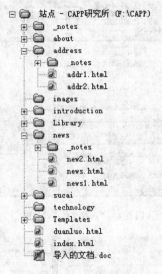

图 6-2   CAPP 站点的目录结构

（3）根相对路径。根相对路径指从站点根文件夹，即一级目录到链接文档经由的路径。这种地址在动态网页编写时用的比较多，如果只是静态的网页，不推荐使用这种地址形式。根相对地址的书写形式比较简单，首先以一个前斜杠开头，它代表站点的根文件夹，然后再书写文件夹名，最后书写文件名。

6.2   设置超链接

根据超链接的对象，可以把超链接分为站点内部的链接、网站外部的链接、文件下载的链接、电子邮件的链接、空超链接和锚点链接等。

1. 站点内部的链接

站点内部的链接是指单击链接后访问的是站点目录内的文件。在 Dreamweaver CS3 中，创建内部链接可以用下列任意一种方法。

（1）浏览文件选择文件的方式。选中要添加的链接对象，如文本或图像等，然后在属性面板中单击"链接"文本框后的"浏览文件"按钮，如图 6-3 所示。

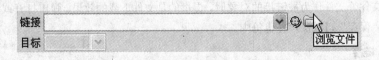

图 6-3   链接属性的设置

打开"选择文件"对话框，如图 6-4 所示，在其中找到要链接的网页文件，单击"确定"按钮即可。在添加链接时，可以选择文件地址的类型，在"相对于"下拉列表中选择"文档"或"根目录"。

（2）指向文件拖动的方式。首先在文件面板中把站点中的文件目录展开，然后选择要添加链接的文本或图像，再拖动属性面板中"链接"文本框后的"指向文件"按钮，将其拖动到要链接的网页文件图标上，如图 6-5 所示。松开鼠标后，就可以在链接中看到所链接的文件。

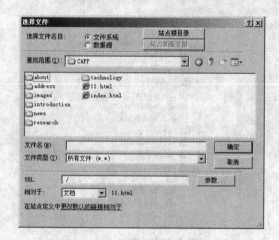

图 6-4　"选择文件"对话框

图 6-5　站点内部链接拖动方式示例

（3）插入菜单的方式。选中要添加链接的文本或图像，然后选择"插入记录"→"超级链接"命令，打开"超级链接"对话框，如图 6-6 所示。通过浏览文件按钮可以选取文件。

2．网站外部的链接

网站外部的链接是指当单击链接后访问的是站点目录之外的文件。添加的方法是选中要添加链接的文本或图像，然后在属性面板的"链接"文本框中输入一个网址，协议名不能省略，例如在文档中输入文本"教育网"，然后在链接中输入 http://www.edu.cn，如图 6-7 所示。

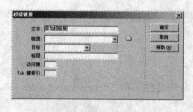

图 6-6　"超级链接"对话框

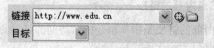

图 6-7　网站外部链接示例

3．文件下载的链接

当把压缩文件等文件作为被链接的对象时，提供的是文件下载的效果。弹出打开或者保存文件的对话框，选择"保存"可以保存在盘符中。

4．E-mail 链接

E-mail 链接是连接到 E-mail 地址的链接，如果安装了邮件客户端软件，如 Outlook Express、Foxmail 等，则在浏览器中单击 E-mail 链接会自动打开"新邮件"窗口。

添加 E-mail 链接的方法是选中要添加 E-mail 链接的对象后，用下列任意一种方法。

（1）单击"插入记录"→"电子邮件链接"命令或选择"常用"工具栏中的 ，打开如图 6-8 所示的对话框，在 E-mail 文本框中输入一个 E-mail 地址，单击"确定"按钮即可。

（2）在属性面板的链接文本框中输入"mailto：接受的电子邮件地址"，例如：

mailto:tomfangok@163.com，也可以创建 E-mail 链接。

（3）在代码窗口中直接输入 html 代码中超链接的标记符<a href= mailto:收件邮箱>收取邮件对象</a>，创建 E-mail 链接。

实例 6-2：创建 E-mail 链接，并自动添加抄送和密送等信息。

在发邮件时，往往需要添加抄送地址或密送地址等，用户叮通过在代码视图中写代码的方式直接添加，方法为：键入代码<a href="mailto:qq@163.com?subject=信件&cc=qqq@ 163.com& bcc=qqqq@ 163.com" >联系方式</a>。subject 参数设置的是信件主题和信件名称，cc 参数设置的是抄送人，bcc 设置的是密送人，各地址之间通过 "&" 相连。按上述参数设置，创建的 E-mail 超链接效果如图 6-9 所示。

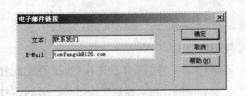
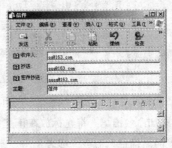

图 6-8 "电子邮件链接" 对话框   图 6-9 带有抄送和密送的电子邮件链接示例

5. 空超链接

在网页设计过程中，有时需要用到有链接的文本对象，但是该链接不打算指向任何地址，这种链接叫空链接。方法是选中要设置空链接的对象，然后在属性面板中的 "链接" 文本框中输入 "#" 或 "JavaScript：；" 即可。

6. 超链接打开的方式

在属性面板中的 "目标" 中，设置链接网页的打开方式。在没有框架的情况下，链接打开的方式有 4 种。

（1）_blank：将超链接或热点所链接的网页显示在新打开的窗口中。

（2）_self：将超链接或热点所链接的网页显示在目前的窗口中。此项为默认值，不用重新指定。

（3）_parent：将超链接或热点所链接的网页显示在目前文件的父框架中。

（4）_top：将超链接或热点所链接的网页显示在浏览器窗口，取消所有框架。

6.3 锚 记 链 接

锚记链接也叫目录链接、书签链接或页面内的超链接。如果某个网页中的内容很多，页面就会变得很长，这样在浏览时就需要不停地拖拉滚动条，使浏览者看起来很不方便，如果此时能在该网页创建一个目录，浏览者只需单击目录上的项目就能跳到网页相应的位置上，要实现这种效果，就需要用到锚记链接。

1. 同一页面中的锚记链接

当网页的内容很多时，为了浏览方便，在网页开始处创建简单的目录，浏览者只需单击目录中相应的项目，就可以跳转到网页上对应的位置。该过程需要通过两步来实现，首先需要插入命名锚记，然后在链接目录的信息中创建超链接。下面以实例 6-3 为例，讲述同一页面中锚记链接的创建过程。

实例 6-3：锚记链接的创建，以十七大报告素材为例，步骤如下：

（1）将整个十七大报告文本内容添加到 Dreamwerver CS3 的一个页面窗口中。

（2）在添加的正文之前添加须链接的目录内容，如图 6-10 所示。

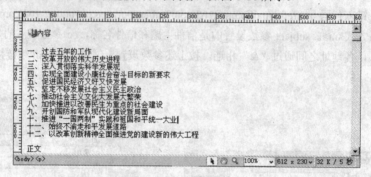

图 6-10　链接目录内容

（3）添加命名锚记。将光标放在正文中第一部分"一、过去五年的工作"前，然后选择"插入记录"→"命名锚记"命令，或者单击"常用"工具栏中的"命名锚记"按钮，此时将打开"命名锚记"对话框，在其中输入命名锚记的名称，如 a1，如图 6-11 所示。单击"确定"按钮后，在光标所在的位置就会出现一个命名锚记图标，如图 6-12 所示。

图 6-11　"命名锚记"对话框

图 6-12　命名锚记示例

（4）创建到命名锚记的链接。选中目录列表中的文本"一、过去五年的工作"，选择菜单"插入记录"→"超级链接"，　在对话框中的"链接"下拉列表框中选择"#a1"。

（5）重复步骤（3），（4），（5），创建其他的锚记链接。

（6）每个段落创建返回页面顶部的锚记。浏览者利用锚记链接浏览了下面的内容后，如果想返回页面顶部，同样需要使用滚动条拖动，为了方便浏览，可以在网页中目录的顶端添加一个命名锚记，如图 6-10 所示，在文字"内容"前添加了锚记 top。

（7）在网页中每一节内容的末尾输入文本"返回顶部"，并指向锚点链接 top。

（8）保存并浏览网页，观察所看到的效果，如图 6-13 所示。

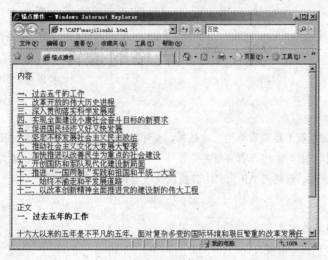

图 6-13 锚记链接创建示例

2．页面之间的锚记链接

锚记链接还可以在页面之间使用。方法和前面类似，不同之处是在链接文本框中先选择要链接的文件名，然后再输入#锚记名称。例如要链接 1.html 文件中锚记是 a1 的文件，则链接中应该是 1.htm#a1（假设两个文件在同一目录中）。两文件在不同目录时，前面还有路径名。

第7章 表格的操作

【内容】

表格可以用于在页面上显示表格形式的数据，也可以进行页面的布局，通过表格显示的信息能更容易阅读和理解。本章主要讲述与表格相关的操作，包括表格的创建、编辑、格式化和排序，同时对表格数据的导入、导出，表格与 AP 元素的转换以及表格的高级属性进行介绍。

【实例】

实例 7-1　课程表的建立。

实例 7-2　乘法口诀表的建立。

实例 7-3　表格的细线操作。

【目的】

通过本章的学习，使读者了解表格的属性和基本操作。掌握利用表格布局页面以及表格、单元格属性及嵌套方法。

7.1　创　建　表　格

光标放置在需要放置表格的位置，然后选择菜单"插入记录"→"表格"命令，或者单击"常用"工具栏上的表格图标▦，可以打开如图 7-1 所示的"表格"对话框。在对话框中进行相应的设置，单击"确定"按钮，即在页面中创建了表格。

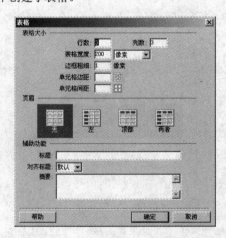

图7-1　"表格"对话框

在"表格"对话框中，"表格大小"选项组用来设置表格的行列数、表格宽度、表格边框粗细等，各选项说明如下：

（1）行数：用于设置表格的行数，默认是 3 行。

（2）列数：用于设置表格的列数，默认是 3 列。

（3）表格宽度：用于设置表格的宽度，单位可以是像素，也可以是百分比。默认宽度是 200 像素。

（4）边框粗细：用于设置表格边框的粗细，单位是像素。默认表格的边框是 1 像素。

（5）单元格边距：用于设置单元格中的内容与单元格边线之间的距离，单位是像素。

（6）单元格间距：用于设置表格中单元格边线与单元格边线之间的距离，单位是像素。

（7）"页眉"选项组用于设置表格的"标题"，有 4 个选项值。在默认情况下，表格标题单元格的内容为粗体并且居中：

● 无：创建的表格没有行或列标题。

● 左：表格的左列设置为标题 ，即表格第一列为标题。

● 顶部：表格的顶部设置为标题，即表格第一行为标题。

● 两者：表格的左列和顶部都设置为标题，即第一列和第一行都为标题。

（8）"辅助功能"选项组用于设置表格的外部标题、摘要等。

● 标题：设置表格的外部标题。

● 对齐标题：用于设置表格外部标题相对于表格的对齐方式，水平方向左、中、右对齐，在垂直方向有顶部和底部。

实例 7-1：课程表的创建。

如图 7-2 所示的表格是 5 行 6 列，页眉部分选择的是两者，外部标题是"课程表"，水平方向相对于表格是居中的，垂直方向在表格的顶部。

课程表

	星期一	星期一	星期一	星期一	星期一
第一节					
第二节					
第三节					
第四节					

图 7-2　课程表示例

7.2　表 格 属 性

选择创建的表格，可以在属性面板中设置相应的属性，如图 7-3 所示，各参数的功能说明如下：

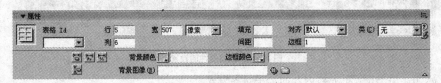

图 7-3　表格属性的设置

（1）表格 Id：用于设置表格的 Id 值，即给表格命名。

（2）行、列：用于修改表格的行数和列数。

（3）宽、高：用于修改表格的宽度和高度，单位有像素和百分比。

（4）填充：即单元格边距，用于修改单元格中的内容与单元格边线之间的距离。

（5）间距：即单元格间距，用于修改表格中单元格边线与单元格边线之间的距离。

（6）对齐：用于修改表格在页面中的对齐方式。

（7）边框：用于修改表格边框的宽度，默认是 1 像素，该值为 0 则表示表格没有边框。

（8）⬚ 和 ⬚：用于清除表格中所有的行高和列宽值。

（9）⬚ 和 ⬚：用于将表格中每个列的宽度和高度的单位设置为像素。

（10）⬚ 和 ⬚：用于将表格中每个列的宽度和高度的单位设置为百分比。

（11）背景颜色：用于设置表格的背景颜色，可以在颜色选择器中进行选择，也可以在其右侧的文本框中输入一个 6 位十六进制数表示一种颜色。

（12）边框颜色：用于设置表格边框的颜色。

（13）背景图像：用于设置表格的背景图像，可以通过"指向文件"图标 ⬚ 或"浏览按钮" ⬚ 进行设置。

7.3　单元格属性

表格是由多个单元格组成的，每个单元格中可以输入网页中的元素。要编辑单元格，首先要选择一个或多个单元格，然后在属性面板对单元格的属性进行设置。

按住 Ctrl 键，再单击任意单元格，可以选准该单元格，如图 7-4 所示；选择多个单元格可以直接拖动选择。

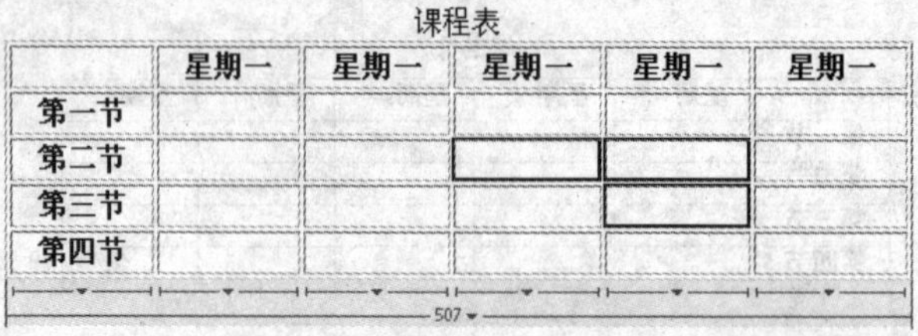

课程表

	星期一	星期一	星期一	星期一	星期一
第一节					
第二节					
第三节					
第四节					

图 7-4　单元格的选择

选择单元格后，属性面板如图 7-5 所示，分割线之上的部分是文本设置中已经学习过的属性，这里仅列举分割线以下的各参数的功能。

图 7-5　单元格属性的设置

（1）水平：用于设置单元格内容的水平对齐方式。

（2）垂直：用于设置单元格内容的垂直对齐方式。

（3）宽、高：用于设置单元格的宽度和高度。

（4）不换行：选择该复选项，可以防止单元格内容太多时自动换行。不换行则可使单元格中的所有文本都在一行上。

（5）标题：用于将选中的单元格设置为表格标题单元格。

（6）背景：设置单元格的背景图像。

（7）背景颜色：设置单元格的背景颜色。

（8）边框：设置单元格的边框颜色。

（9）合并单元格▣：当选择两个及以上单元格时，可以合并这些单元格为一个单元格。

（10）拆分单元格▦：可以选择把单元格拆分成行还是列，还可以选择行数和列数。

7.4　编辑表格和单元格

页面上的表格和单元格，可以通过属性设置来改变外观，也可以进行改变大小，添加、删除行/列及合并或拆分等操作。

1．选择表格

对表格进行操作之前，首先要选择表格，当某个表格被选中后，可以出现三个选择控制点，如图7-4 所示。使用下列任意一种方法可以选择表格。

（1）将鼠标移动到表格的左上角、右下角或者表格的上、下边线附近，光标都会变成"田"图标，单击则可选中该表格。

（2）单击某个表格单元格，然后选择"修改"→"表格"→"选择表格"命令。

（3）光标在表格上，单击右键，从弹出的菜单中选择"表格"→"修改表格"命令。

2．改变表格大小

改变表格大小就是改变表格的宽度和高度。要改变表格的大小，首先选择要调整大小的表格，然后通过下列任一操作可以改变表格的大小。

（1）只改变表格的宽度或表格的高度，拖动右侧或底部的选择控制点即可。

（2）同时改变表格的宽度和高度，拖动右下角的选择控制点即可。

（3）通过表格属性面板中的宽度和高度值来改变表格的大小。

3．改变表格行数和列数

如果页面上插入的表格的行数或列数不够时，可以进行表格行数和列数的添加；如果表格的行数或列数太多，也可以删除。

（1）选择表格，在属性面板中可以为选择的表格添加或删除行列值。添加和删除行都是从表格下方进行的。

（2）单击表格中的某个单元格，选择"修改"→"表格"菜单。或者单击右键选择表格，则可以分别打开表格修改菜单项，以用于添加或删除行列的操作，主要的操作包括：

- 插入行：在光标所在行的上方插入一行；
- 插入列：在光标所在列的左侧插入一列；
- 插入行或列：打开了如图 7-6 所示的"插入行或列"对话框。可以设置要插入行或列及其行数或列数，并指定插入点所在的位置；
- 删除行：删除光标所在的行；
- 删除列：删除光标所在的列。

（3）单击表格中的某个单元格，然后选择"插入记录"→"表格对象"命令，可以在上面或者下面插入一行，也可以在左边或右边插入一列，如图 7-7 所示。

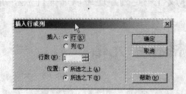

图 7-6 "插入行或列"对话框   图 7-7 利用菜单插入表格的方法

（4）单击表格右下角的单元格，然后按 Tab 键，可以在表格下方插入一行。

4．改变表格行高和列宽

当需要改变表格的行高和列宽时，可以选择执行下列两种操作方法中的任意一种。

（1）将指针移至要改变行高的行边框上，当指针变成 ┿ 形状时，可以拖动鼠标来改变行的高度。指针移至要改变列宽的列边框上，当指针变成 ◄╫► 形状时，可以拖动来改变列的高度。

（2）在属性面板中直接来指定行高和列宽的值。选择要改变行高的行，在属性面板中的"高"文本框中输入行高值，回车确定即可完成。或者选择要改变列宽的列，在属性面板中的"宽"文本框中输入列宽值，回车确定即可改变列宽。

5．选择单元格

（1）要选择单个的单元格，可以执行下列任一操作来实现。

- 按住 Ctrl 键，单击某一单元格。
- 单击单元格，选择菜单中的"编辑"→"全选"命令。
- 单击单元格，再单击文档窗口左下角的标签选择器中的<td>，如图 7-8 所示。

图 7-8 单元格选择方法

（2）选择一行或者一列单元格。要选择一行或者一列单元格，可以执行下列任一操作来实现。

- 从第一个单元格拖动到一行或者一列的最后一个单元格。
- 在表格左侧附近当鼠标变成右箭头形状，单击则选择该行；在表格上侧附近，当鼠标变成向下箭头形状，单击则选择该列，如图 7-9 所示选择了表格的第四列。

图 7-9 单元格行/列选择示例

（3）选择矩形区域单元格。选择一矩形区域单元格，执行下列操作之一：

● 从一个单元格拖动鼠标到另外一个单元格。

● 单击要选择区域的左上角一个单元格，然后移动鼠标到要选择区域的右下角，按住 Shift
键并单击该单元格。

（4）选择不相邻的单元格。要选择表格中不相邻的单元格，在按住 Ctrl 键的同时单击要选择的
单元格即可，如图 7-4 所示。

6. 合并和拆分单元格

（1）合并单元格。

● 选择要合并的单元格， 选择"修改"→"表格"→"合并单元格"命令或者单击属性面
板中的"合并所选单元格，使用跨度"按钮 ⊞，所选单元格合并成一个单元格。

● 选择要合并的单元格，选择"修改"→"表格"→"增加行宽"（或"增加列宽"）命令 。
用上述方法合并单元格，并分别填写课程名称"课程实训"及"自习"，定义单元格颜色，
其效果如图 7-10 所示。

（2）拆分单元格。

● 单击要拆分的单元格，选择"修改"→"表格"→"拆分单元格"命令或者单击属性面板
中的"拆分单元格为行或列"按钮 ⊞ ，即可打开"拆分单元格"对话框。如图 7-11 所示，
可以拆分成行，也可以拆分成列，并可以选择要拆分的行数和列数。

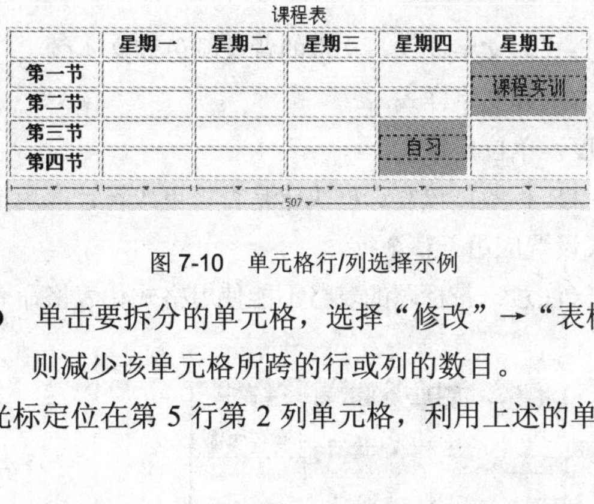

图 7-10　单元格行/列选择示例　　　　　　　图 7-11　"拆分单元格"对话框

● 单击要拆分的单元格，选择"修改"→"表格"→"减少行宽"（或"减少列宽"）命令 ，
则减少该单元格所跨的行或列的数目。

将光标定位在第 5 行第 2 列单元格，利用上述的单元格拆分方法，可实现如图 7-12 所示的单元
格效果。

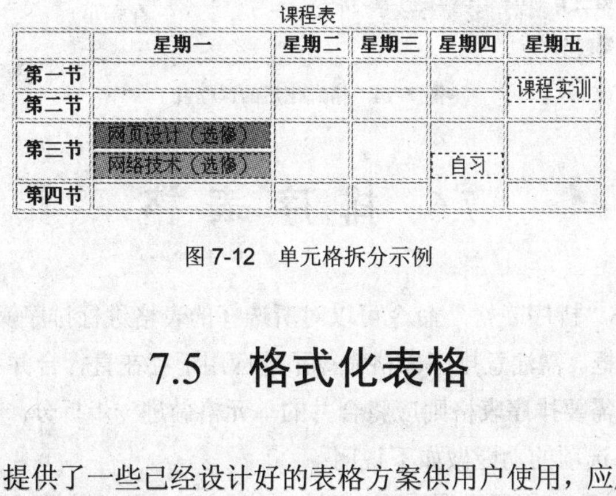

图 7-12　单元格拆分示例

7.5　格式化表格

Dreamweaver CS3 中提供了一些已经设计好的表格方案供用户使用，应用这些表格样式，可以简
化表格的操作。对没有外部标题的表格（没有页眉的表格）要应用样式，先选择表格，然后选择菜单

"命令"→"格式化表格",打开"格式化表格"对话框,如图 7-13 所示。

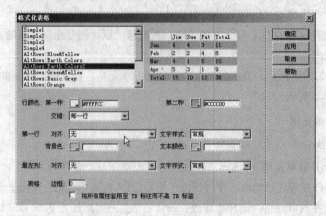

图 7-13   "格式化表格"对话框

在"格式化表格"窗口中,选择左上角的任一种表格设计方案,则可在其右侧显示选择的方案效果。同时用户还可以对选择的方法做进一步的调整以满足自己的要求。"格式化表格"对话框中各选项的含义说明如下:

(1)行颜色:用于修改方案中表格行的颜色,在"第一种"和"第二种"中可以各选择一种颜色,然后在"交错"中选择两种颜色交替的情况,有五种选择:"不要交替""每一行""每二行""每三行""每四行"。

(2)第一行:设置表格中第一行的对齐方式,文字样式,文本的背景颜色和文本颜   色等。

(3)最左列:设置表格中最左列的对齐方式和文字样式。

(4)表格:在"边框"中输入表格的宽度,单位是像素。

(5)将所有属性套用至 TD 标注而不是 TR 标签:该复选框决定是否将更改设计应用于表格单元格而不是表格行。在默认情况下指定的格式设置应用于整个行。

如图 7-14 所示是课程表格式化后的表格(注意:带标题的表格不能使用格式化表格命令,故将课程表标题去除)。

	星期一	星期二	星期三	星期四	星期五
第一节					课程实训
第二节					
第三节	网页设计（选修）				
	网络技术（选修）			自习	
第四节					

图 7-14   格式化后的课程表

7.6   排 序 表 格

通过选择"命令"→"排序表格"命令可以对所选择的表格进行排序操作,此时打开如图 7-15 所示的"排序表格"对话框。需注意排序表格命令不能应用于存在直行合并和横列合并的表格,故对于实例 7-1 课程表,如果需要排序表格则应将合并的单元格做进一步拆分。

在该对话框中,对各选项的功能做如下说明:

(1)排序按:该下拉列表用于设置用哪个列作为关键字对表格进行排序。

（2）顺序：用于设置是按字母顺序还是数字顺序排序，以及按照升序还是降序排序。

（3）再按/顺序：当第一种值相同时，设置按第二种方法排序，"再按"和"顺序"的含义同上。

（4）选项组：

● 排序包含第一行：用于设置表格的第一行是不是要进行排序。如果第一行是标题的话，不应该移动，则该复选框不能选择。

● 排序标题行：选择该复选项，则标题行也参加排序。

● 排序脚注行：如果表格有脚注行的话，选择该复选项则脚注行也参加排序。

● 完成排序后所有行颜色保持不变：用于设置排序后表格的行的颜色属性是否与相同内容相关联。

图 7-15 "排序表格"对话框

7.7 导入与导出表格式数据

7.7.1 导入表格式数据

在日常工作中，有时需要将其他文档中的数据插入网页中。在 Dreamweaver CS3 中，利用导入数据的方法就可以实现上述需求。导入数据，可以执行下列操作之一：

（1）选择"插入"→"表格对象"→"导入表格式数据"命令，弹出如图 7-16 所示的"导入表格式数据"对话框。

（2）选择"文件"→"导入"→"表格式数据"命令。

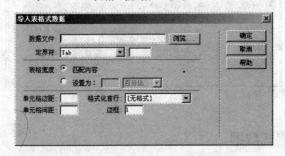

图 7-16 "导入表格式数据"对话框

在该对话框中，各选项的含义说明如下：

● 数据文件：通过浏览按钮加载预先已经创建好的表格式数据文件。

● 定界符：选择表格式数据中字符之间的间隔符号，有 Tab、逗号、引号、分号和其他。当选择其他时，在对应的文本框中输入具体的间隔符号。

- 表格宽度：用于选择转换成的表格的宽度。其中，选择"匹配内容"，表示表格的宽度要适应最长的文本的宽度；选择"设置为"，将具体给表格指定一个固定的宽度，单位可以是像素和百分比。
- 单元格边距/单元格间距：同"表格"中的属性。
- 格式化首行：用于设置表格首行的格式。有"[无格式]""粗体""斜体"或"加粗斜体"4个选项。
- 边框：用于设置表格边框的宽度，单位为像素。

实例 7-2：乘法口诀表的建立。

（1）创建乘法口诀表格式数据 data.xml，如图 7-17 所示，其分隔符为 Tab 键。

（2）利用记事本中的替换菜单项将"×"替换成"*"。

（3）利用上述表格式数据导入方法，打开如图 7-16 所示的导入表格式数据对话框。

（4）浏览打开数据文件 data.xml，其定位符选择默认的 Tab。

（5）打开 Dreamweaver CS3 中"编辑"→"查找和替换"菜单项，将网页中所有"*"符号替换成"×"。

（6）在表格属性检查器中将边框属性设置为"1"，背景颜色设置为"#66FFFF"，边框颜色设置为"#99CC00"，上半部分单元格背景色设置为"#99FF33"，得到的乘法口诀表如图 7-18 所示。

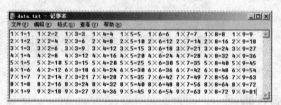

图 7-17　乘法口诀表格式数据

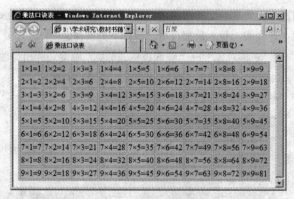

图 7-18　乘法口诀表示例

7.7.2　导出表格式数据

在 Dreamweaver 中可以把页面中的表格数据导出到一个文本文件中，单击要导出的表格中的任一单元格，选择"文件"→"导出"→"表格"命令，弹出如图 7-19 所示的对话框。

- 定界符：同导入表格式数据，用于设置要导出的文件以什么符号作为定界符。

● 换行符：用于设置在哪个操作系统中打开导出的文件，有 Windows, Macintosh 和 Unix。因为不同的操作系统具有不同的指示文本行结尾的方式。

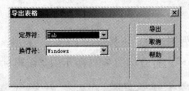

图 7-19 "导出表格"对话框

7.8 表格转换 AP Div

表格和 AP Div 都可以用来对页面进行布局，所以两者可以进行转换，当需要把表格转换成 AP Div 时，选择"修改"→"转换"→"将表格转换为 AP Div"命令，打开如图 7-20 所示的对话框。"将表格转换为 AP Div"对话框中各参数说明如下：

● 防止重叠：把表格转换为 AP Div 时，设置要不要 AP Div 重叠显示。

● 显示 AP 元素面板：转换后是否自动打开 AP 元素面板。

● 显示网格：网格主要是便于 AP 元素定位的，此项设置当表格转换为 AP 元素时，设计窗口要不要显示网格。

● 靠齐到网格：若选择了显示网格，则表格转换为 AP 元素后，设置由单元格转换来的 AP 元素是否靠齐到网格线上。

图 7-20 将表格转换为 AP Div 对话框

在 Dreamweaver 中，将光标定位在如图 7-18 所示乘法口诀表单元格上，执行上述操作，将实现表格和 AP Div 的转换，代码及设计窗口将发生如图 7-21 所示的变化。

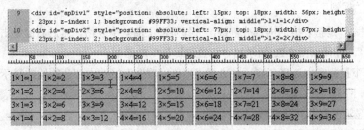

图 7-21 乘法口诀表由表格转换为 AP Div 的结果

7.9 表格的高级属性

当用户选择页面上的任何一个页面元素后，单击右键，可以通过弹出式菜单中的编辑标签对标签属性进行设置。同样的页面中有表格时，也可以通过此方法来编辑表格属性，来达到表格更好的视觉效果。如表格的边框效果，表格单元格的分割线效果和边框颜色等。

1．表格的"框架"

表格的"框架"是指表格的外围边框。选择页面上的一个表格，然后右键单击，在弹出的快捷菜单中选择"编辑标签（E）<table>"，打开如图 7-22 所示的"编辑标签器"对话框。

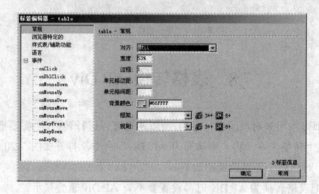

图 7-22　　"标签编辑器"对话框

在"框架"下拉列表中选择任意一种方式，则可以改变表格的外围边框的显示效果。下拉列表中各值的含义如下：

- void：不显示任何边框。
- above：只显示上面的边框。
- below：只显示下面的边框。
- hsides：只显示上下边框。
- lhs：只显示左边框。
- rhs：只显示右边框。
- vsides：只显示左/右边框。
- box：四周边框都显示。
- border：四周边框都显示，这是默认值。

2．表格的"规则"

表格的"规则"是指表格的内部分割线。选择页面上的一个表格，然后右键单击，选择"编辑标签（E）<table>"，打开如图 7-22 所示的"标签编辑器"对话框。

在"规则"下拉列表中选择任意一种方式，则可以改变表格的内部分割线的显示效果。下拉列表中各值的含义如下：

- 所有：显示所有行列分割线。
- 列：只显示垂直列分割线。
- 无：不显示分割线。
- 行：只显示水平行分割线。
- 组：只显示水平分组分割线。组由 thead, tbody, tfoot 和 colgroup 标记定义。

例如把表格的"框架"设置为 hsides，"规则"设置为"行"，可以在浏览器中看到如图 7-23 所示的效果。

班级课程表

	星期一	星期二	星期三	星期四	星期五
一大节					
二大节					
			午休		
三大节					
四大节					

表格制作人：

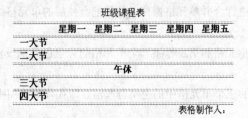

图 7-23 表格规则设置示例

3. 表格“边框颜色亮”和“边框颜色暗”

在表格属性中可以设置表格的边框颜色。但是这种方法设置的属性使所有的单元格具有统一的颜色，可以通过表格的高级属性来实现表格的亮暗边框，即“边框颜色亮”和“边框颜色暗”。

在图 7-22 所示的“标签编辑器”窗口中，在左侧分类中选择“浏览器特定的”，打开如图 7-24 所示的对话框，右侧后两项设置分别用来设置表格的“边框颜色亮”和“边框颜色暗”。

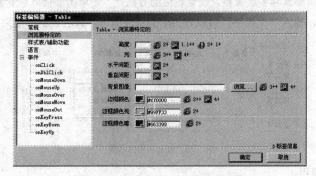

图 7-24 表格边框颜色亮暗的设定

7.10 表格的细线操作

在前面的学习中已经知道，在页面上可以直接插入水平线，却不能插入垂直线，但是通过表格的特效操作，可以实现在页面上插入垂直线的效果。下面通过一个实例来讲解如何实现表格的细线操作。

实例 7-3：表格的细线操作。

假设要得到如图 7-25 所示的效果，操作步骤如下：

人生		格言
删除昨天的烦恼 确定今天的快乐 设置明天的幸福 存储永远的爱心		取消世间的仇恨 粘贴美丽的心情 复制醉人的风景 打印美丽的笑容

图 7-25 表格的细线操作示例

（1）绘制三行三列的表格，表格的填充设置为 0，其他按默认设置即可。

（2）在第一行第一列的单元格中输入文本“人生”，第一行第三列的单元格中输入文本“格言”，同理在第三行第一列的单元格和第三行第三列的单元格中分别输入图中的文本。

（3）把表格的第二行进行合并单元格操作，并且把合并后的单元格的高度值设置为 1 像素，单元格的背景色设置为黑色。

（4）把第一行第二个单元格和第三行第二个单元格的背景色分别设置为黑色，宽度值设置为 1 像素。

（5）把上述操作得到的三个单元格中的空字符取消，即在代码视图中删除 。预览即可得到上述结果。

7.11　表格的嵌套

1．嵌套表格

嵌套表格是在一个表格的某个单元格中再插入一个表格，嵌入的表格设置和普通表格的设置方法完全一样，可以根据需要嵌套多层表格。嵌套表格的方法是：先单击要插入嵌套表格的单元格，然后像插入普通表格一样，插入一个表格，再设置相应的属性即可。嵌套表格的效果如图 7-26 所示。

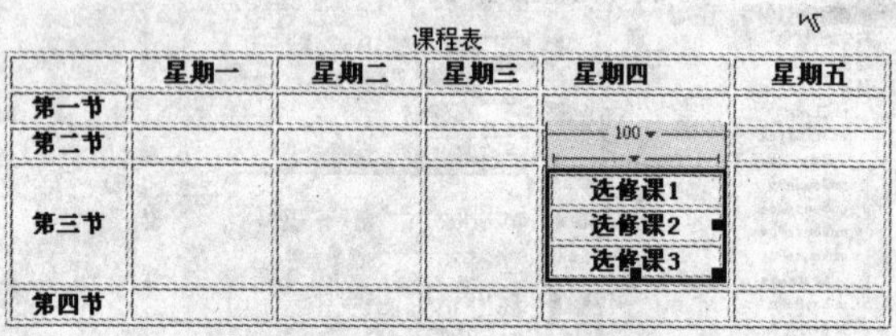

图 7-26　嵌套表格的示例

2．嵌套表格的使用

在表格内还可以绘制表格，即表格是可以嵌套的。例如制作两个表格并排显示的效果，方法是：首先在页面中插入一个 1 行 2 列的表格，然后在每个单元格中嵌套新的表格即可，可以制作如图 7-27 所示的效果。

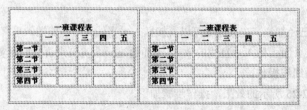

图 7-27　嵌套表格的应用

第 8 章　框架和框架集

【内容】

本章讲述框架和框架集的概念，并介绍框架集和框架的创建方法和步骤，同时说明框架及框架集文件的保存、编辑、设置的方法和特点。其中的难点是如何创建嵌套的框架集和设置浮动框架，实现页面之间的动态交互。

【实例】

实例 8-1　巧用框架建立网站。

实例 8-2　浮动框架的妙用。

【目的】

通过本章的学习，使读者熟悉利用框架和框架集实现页面的布局和划分方法，掌握通过框架实现页面间的交互以及页面的局部更新问题。

8.1　框架和框架集的概念

框架是一种十分实用的网页技术，通过框架可以增强网页的导航功能，在很多站点中都可见到框架的使用。框架的作用是把浏览器划分成若干个区域，各个区域可以分别显示不同的网页内容。框架由两个主要部分组成：框架集（Frameset）和单个框架（Frame）。框架集是定义了一组框架结构的网页，框架集定义了网页中显示的框架个数、框架大小、载入框架的网页源和其他可定义的属性等。而单个框架则是指网页上定义的一个区域。

使用框架可以在同一个浏览器窗口中同时显示多个网页的交互式结构，还可以通过为超链接指定目标框架，为框架之间建立起内容的联系，从而实现页面导航的功能。

最简单的框架如图 8-1 所示，分别是左右框架和上下框架，把窗口分成了左右两个子窗口或者上下两个子窗口。

(a) 左右框架　　　　　　　　　(b) 上下框架

图 8-1　网页框架示例

8.2　创建框架和框架集网页

Dreamweaver CS3 中提供了两种创建框架集的方法：可以从预定义的框架中选择，也可以自己设计需要的框架集。

1. 用预定义框架来创建框架

Dreamweaver 中提供的预定义框架种类很多，用户可以根据实际需要选择一种框架类型。通过下面任一操作都可以实现在页面上创建预定义框架。

（1）将光标放置在页面窗口选择"插入记录"→"HTML"→"框架"，从弹出的菜单中选择一种框架类型，如图 8-2 所示。

（2）光标激活设计窗口，把"常用"工具栏切换到"布局"工具栏处，单击"框架"图标，从弹出的菜单中选择一种框架类型。

（3）使用新建文档的方法也可以创建新的空框架集文档。方法是选择"新建"→"文件"命令，打开"新建文件"对话框，从左侧列表中选择"示例中的页"，在其右侧的示例文件夹中选择框架集，将列出框架集类型，如图 8-2 所示，从框架集中选择一种框架类型，单击"创建"按钮，即可完成框架集的创建。

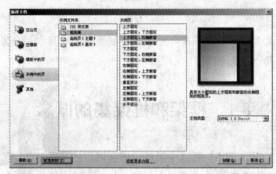

图 8-2　新建文档过程中框架集的创建

2. 自定义框架集

自定义框架集是使用了可视化助理的显示框架的功能和框架面板的功能，步骤如下：

（1）选择"查看"→"可视化助理"，选择如图 8-3 所示的"框架边框"，使编辑窗口出现框架边框，即在标尺旁边出现边框线。

图 8-3　框架边框显示菜单

（2）在设计视图中用鼠标选择并拖曳框架边框至目标位置，则可创建一个两栏框架，继续可以创建多个框架。如图 8-4 所示为创建的三栏框架的效果。

图 8-4　网页三栏框架效果

8.3　创建嵌套框架集

在已创建好的框架集中可以再添加框架集，该类框架集称之为嵌套框架集。一个框架集可以包含多个嵌套框架集，下列任一操作可以创建嵌套的框架集。

（1）要创建嵌套框架时，选择"窗口"→"框架"，打开框架面板，如图 8-5 所示。单击选择一个子框架，再执行 8.2.2 小节所述的操作便可拖动出复杂的嵌套框架，如图 8-6 所示。

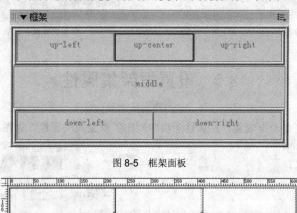

图 8-5　框架面板

图 8-6　框架集嵌套示例

（2）修改框架集的方法实现，创建好的框架集，还可以通过修改命令进行修改，方法是先激活要修改的框架，选择"修改"→"框架页"命令，弹出的菜单如图 8-6 所示。可以对激活的框架进行左右拆分和上下拆分，即拆分为嵌套的框架。

图 8-6　框架集修改菜单

8.4　保存框架和框架集文件

1．保存所有文件

选择"文件"→"保存全部"命令，可以保存框架集中所有打开的文件，包括框架集文件和所有子框架的文件。默认第一个框架集的文件名为：UntitledFrameset-1，第一个框架文件的默认名为UntitledFrame-1，依此类推。

2．保存框架集文件

要单独保存框架集文件，在框架面板中选择整个框架，然后选择"文件"→"保存框架页"命令或"框架集另存为"命令，打开"另存为"对话框，如图 8-7 所示。输入文件名，单击保存即可。

3．保存框架文件

要保存框架文件，先单击任一框架集中的框架文件，然后选择"文件"→"保存框架"或"框架另存为"命令，打开"另存为"对话框，如图 8-8 所示，输入文件名，单击保存即可。

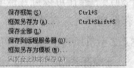

图 8-7　框架集文件保存菜单 　　　　　　图 8-8　框架文件保存菜单

8.5　设置框架集属性

在框架面板中选择整个框架集，在属性面板中列出了框架集的属性，如图 8-9 所示。

图 8-9　框架集属性的设置

属性面板中各选项的含义说明如下：

（1）边框：用于设置框架是否有边框，对于大多数浏览器而言，默认是有边框的。

- "否"是无边框。
- "是"为有边框。
- "默认"是根据浏览器的默认设置决定是否有边框。

（2）边框宽度：用来设定框架红边框的宽度，单位是像素。

（3）边框颜色：用来设定框架边框的颜色。

（4）值和单位：设置框架的拆分比例和单位。

8.6　设置框架属性

选择任一框架，可以看到属性面板中列出的框架属性，如图 8-10 所示。

图 8-10　框架属性的设置

属性面板中各选项的含义说明如下：

（1）框架名称：用来给当前选择的框架命名。框架名称必须是由英文字符或者数字、下画线等组成，首字母必须是字母。

（2）源文件：该框架中显示的页面文件的路径。

（3）边框：同框架集中的边框。

（4）滚动：设置是否显示滚动条。"默认"是自动，由浏览器自动设置，只有框架中的内容超出框架范围时才显示滚动条；"是"为始终出现滚动条；"否"是从不出现滚动条。

（5）不能调整大小：设定是否允许调整窗口大小。

（6）边框颜色：同框架集中的边框颜色。

（7）边界宽度：框架内网页内容与边缘的空白区的宽度。

（8）边界高度：框架内网页内容与边缘的空白区的高度。

8.7 编辑框架网页

1．删除框架

在 Dreamweaver 中，对于多余的框架可以进行删除操作，方法是首先将光标放置在创建好的框架上，当光标指针变为上下箭头形状时，拖动框架至边框上即可。

2．框架中超链接的目标

当页面上创建了框架之后，可以给每个子框架命名。此时在框架页面中进行超链接时，在属性面板中的"目标"中就可以看到，链接的打开方式除了_blank, _top, _self, _parent, 还有框架的名称。如当创建了如图 8-8 所示的框架而且命名以后，在属性面板中可以看到对应框架名称的目标值。

实例 8-1：巧用框架建立网站。

当在网上冲浪，进入诸如"一塌糊涂""天涯论坛""复兴论坛"时，经常发现论坛页面一般分成左右两个主要部分，左侧为每个讨论区的名称，单击任意一个讨论区都可以在右侧区域中看见相应讨论区的内容，不过左右部分是独立显示的，比如拖动左边的滚动条不会影响右侧的显示效果。上述效果可利用框架技术轻松实现，具体步骤为：

（1）打开 Dreamweaver CS3 的"新建文件"对话框，如图 2-12 所示。

（2）用鼠标激活设计窗口，把"常用"工具栏切换到"布局"工具栏处，单击"框架"图标█，选择左侧框架。

（3）在"框架"面板中选择刚创建的框架集，在如图 8-9 所示的框架集属性面板中，其属性设置为：边框：是；边框宽度：1；列：220 像素。

（4）在"框架"面板中，单击左侧框架，在如图 8-10 所示的框架属性面板中，设置其属性为：框架名称：leftFrame；原文件：leftPage.html；滚动：是。

（5）操作与步骤（4）相同，右侧框架属性设置为：框架名称：mainFrame；原文件：mainPage.html；滚动：是。

（6）选择"文件"→"保存全部"命令，框架集及两框架文件位于../ chap8/下，文件名称分别为：webFrame.html, leftPage.html, mainPage.html。

（7）利用 Dreamweaver CS3 打开文件 leftPage.html，单击"常用"工具栏中的"表格"按钮，创建边框为 0 的嵌套表格，插入相应的文字和图像，如图 8-11 所示。

（8）打开 mainPage.html 文件，利用步骤 7 所示的方法，插入对应的文件和图像，如图 8-12 所示。

（9）新建文件 weijin.html, aizaipingfan.html, sinian.html, ji.html，其内容分别对应图 8-11 中罗列的"围巾""爱在平凡的日子里""思念"和"记"。

图 8-11　左侧框架内容

图 8-12　右框架网页内容

（10）打开"webFrame.html"文件，在"框架"面板中选择 leftFrame，选择文字"我的曼陀罗"，在属性检查器中增加的设置为：链接：mainPage.html，目标：mainFrame。

（11）参考步骤（10），分别选择"围巾""爱在平凡的日子里""思念"和"记"文字，在对应的属性检查器中增加的链接分别为步骤（9）中所示的页面，并且目标都为 mainFrame。

利用上述方法创建的心情日记网站如图 8-13 所示。

图 8-13　心情日记网站示例

8.8　设置浮动框架

浮动框架也叫页内框架，或嵌入式框架，它是一种特殊的框架。这种框架对应的标签是 iframe。用下列任意一种方法都可以设置浮动框架。

（1）激活设计视图，选择"插入记录"→"标签"命令，打开"标签选择器"，选择 iframe 标签，如图 8-14 所示，单击"插入"按钮，打开如图 8-15 所示的"标签编辑器"对话框。

图 8-14　"标签选择器"对话框

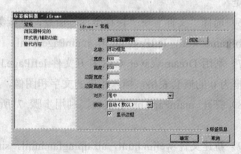
图 8-15　"标签编辑器"对话框

设置"标签编辑器"中"常规"面板中的属性,"源"是必选的,引入的是在浮动框架中的内容。设置完毕,确定后则可以在页面中插入浮动框架。

（2）光标置于代码视图中,选择"插入"→"html"→"框架"→"浮动框架"命令,在代码中出现<iframe ></iframe>标签,按照第一种方法设置相应的属性即可。浮动框架的效果在浏览器中浏览时如图 8-16 所示。

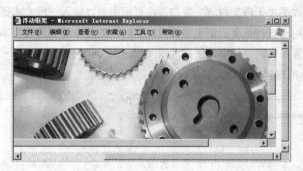

图 8-16　浮动框架效果示例

实例 8-2：浮动框架的妙用。

正确使用浮动框架可以给网站的创建带来许多方便,比如当单击某个在线播放的 MP3 文件时,就可以使用浮动框架进行局部刷新。本例利用浮动框架,通过创建导航栏,实现网页局部内容的更新和改变,具体步骤如下：

（1）新建文件 newspaper.html 和 iframe.html,前者用以容纳报纸页面,后者为单击链接后在该页面局部更新。

（2）打开文件 iframe.html,单击"常用"工具栏中的"表格"按钮,设置表格属性：标题为"读报知天下",行数为 2,列为 1,宽度为"600",边框为 0。

（3）光标定位于表格第二行,打开如图 8-14 所示的"标签选择器"对话框,插入如下浮动框架代码,其中源为"newspaper.html",名称为"main",宽为"550",高为"300"。

（4）在上述表格中再嵌入一行 5 列表格,并在每单元格添加导航文字,如图 8-17 所示的文字。

（5）设置导航文字的链接,"新华网"的链接为 http://www.xinhuanet.com/；"南方都市报"的链接为 http://www.nddaily.com/；"文汇报"的链接为 http://www.news365.com.cn/whb；"红网"的链接为 http://rednet.cn/；"青年周末"的链接为 http://www.yweekend.com/,上述链接的目标都为"main"。

图 8-17　浮动框架的妙用

8.9　设置无框架内容

在 Dreamweaver 中，可以设置当使用的浏览器不支持框架时，在浏览器中显示的内容。要编辑无框架页面，先选中框架集或者激活某一框架，然后选择"修改"→"框架页"→"编辑无框架内容"命令，设计视图就变成了"无框架内容"窗口。在页面中可以输入一段文本提示信息，如图 8-17 所示。那么当浏览者使用不支持框架的浏览器访问框架时，就可以看到这段文本信息。

另外，把光标放置在代码视图中，选择"插入"→"html"→"框架"→"无框架"命令，也可以打开如图 8-17 所示的窗口来设置无框架内容。

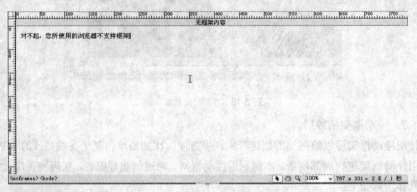

图 8-17　无框架内容设置示例

第9章 布局对象

【内容】

本章首先讲述页面的布局对象，包括布局模式下的布局表格和布局单元格，其中详细介绍布局表格和布局单元格的绘制及属性的设置，布局表格的嵌套和应用；然后介绍 AP 元素的添加，AP 元素的属性设置和操作方法以及 AP 元素与表格的转换问题，并对 Spry 构件的特点和使用方法做较为详尽的介绍；最后罗列标尺、网格和辅助线的设置和显示方法。

【实例】

实例 9-1：利用布局表格设计"标准件库图文档管理系统"登录页面的布局。

实例 9-2：AP 元素的对齐设置。

实例 9-3：利用 AP Div 元素设计标准件库图文档登录页面的布局。

实例 9-4：利用 Spry 菜单栏设计制造执行系统功能菜单。

实例 9-5：利用 Spry 选项卡式面板创建 Windows XP 风格的选项卡。

【目的】

通过本章的学习，使读者理解布局对象中的 AP Div 的使用方法，并能使用 AP Div 进行简单页面的布局。能够熟练地使用布局表格和布局单元格进行页面的布局，同时可熟练使用 Spry 构件对页面进行布局，并在页面布局中根据需要显示和设置标尺、网格和辅助线。

9.1 模式介绍

在网页设计中，页面布局是一个非常重要的部分。有了好的布局，整个网页才可能美观、大方、实用。Dreamweaver CS3 提供了多种方法来创建和控制网页布局，使用表格的"布局模式"就是最常用、最实用的方式之一。使用布局视图绘制表格就如同绘画一样，让设计师的创作更加轻松自如。

表格的"布局模式"来源于表格，但是在布局模式中简化了使用表格进行网页布局的过程，避免了使用传统的方法创建基于表格的页面布局时经常出现的一些问题，如定位不准、不易调整等。

Dreamweaver CS3 中提供了三种布局模式：标准模式、扩展表格模式和布局模式。选择菜单"查看"→"表格模式"，如图 9-1 所示，可以切换三种模式。默认情况下是标准模式，可以使用快捷键 F6 切换到扩展表格模式，使用"Alt+F6"键切换到布局模式。

图 9-1　布局模式

1. 标准模式

它是工作中最常用到的一种模式，在标准模式下显示的内容最接近在浏览器中的实际显示效果。

默认情况下都是在标准模式下进行网页设计的，譬如插入各种页面元素以及插入表格和 AP 元素等。

2．扩展模式

在扩展模式下，表格的边框将加粗显示，便于对表格进行选择、移动等操作。该显示模式下显示的表格与在浏览器中显示的表格不太一致。切换到扩展模式时，开机后首次使用该功能，将弹出如图 9-2 所示的提示框，可以选择"不再显示此消息"复选项，下次使用将不再提示该信息。

3．布局模式

当把模式切换到布局模式时，首先弹出如图 9-3 所示的布局模式提示框，可以在布局模式中使用布局表格和布局单元格创建表格，在该模式下可以更方便快捷地创建网页的布局。

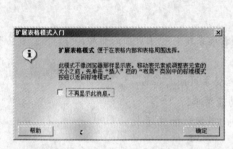

图 9-2　扩展表格模式提示框　　　　　　图 9-3　布局模式提示框

在标准模式下创建的一个表格，如图 9-4（a）所示，表格的边框、填充和间距都是 0；在扩展表格模式下显示，效果如图 9-4（b）所示，此时对表格的操作会比在标准模式下方便；切换到布局模式下将显示如图 9-4（c）所示的效果。

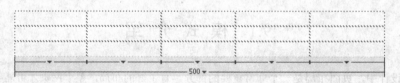

（a）标准模式下的表格

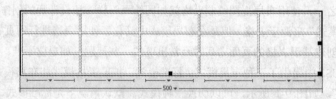

（b）扩展表格模式下的表格

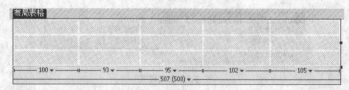

（c）布局表格模式下的表格

图 9-4　三种不同表格模式的显示效果

9.2 设置布局对象中的首选参数

1. 设置布局模式参数

首选参数可以改变 Dreamweaver CS3 的设置值，选择"编辑"→"首选参数"命令，打开首选参数对话框，在左侧的分类列表中切换到布局模式，打开如图 9-5 所示的属性设置框，各参数的含义说明如下：

（1）自动插入间隔符：指定 Dreamweaver CS3 是否将列设置为自动伸展时自动插入间隔图像。

（2）站点的间隔图像：指定使用间隔图像的目标站点，单击该栏显示当前 Dreamweaver CS3 中所有的站点。

（3）图像文件：为站点设置间隔图像文件，如果已经有间隔图像，可以"浏览"添加一个间隔图像文件；如果没有可以创建一个图像，默认的是 spacer.gif，和页面保存在同一个文件夹中。

（4）单元格外框：修改布局单元格的外框颜色。

（5）表格外框：修改布局表格的外框颜色。

（6）表格背景：修改布局表格的背景颜色。

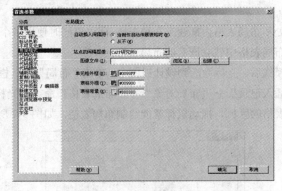

图 9-5 布局模式首选参数设置

2. 设置 AP 元素参数

AP 元素（绝对定位元素）是分配有绝对位置的 HTML 页面元素，具体地说，就是 Div 标签或其他任何标签。AP 元素可以包含文本、图像或其他任何可放置到 HTML 文档正文中的内容。通过 Dreamweaver CS3，可以使用 AP 元素来设计页面的布局，也可以将 AP 元素放置到其他 AP 元素的前面，隐藏某些 AP 元素而显示其他 AP 元素。AP 元素通常是绝对定位的 Div 标签，可以将任何 HTML 元素作为 AP 元素进行分类，方法是为其分配一个绝对位置。

选择"编辑"→"首选参数"命令，在打开的"首选参数"对话框的左侧分类中选择 AP 元素，打开如图 9-6 所示的对话框。在该对话框中可以修改用菜单"插入记录"创建的 AP 元素的属性。

对话框中的属性说明如下：

（1）显示：即 AP 元素属性面板中的"可见性"，有 4 个值：default，inherit，visible，hidden。

（2）宽，高：设置 AP 元素的大小，即宽度和高度值。

（3）背景颜色：用于设置 AP 元素的背景颜色。

（4）背景图像：用于设置 AP 元素的背景图像。

（5）嵌套：选择该复选项，创建 AP 元素时可以嵌套。

（6）Netscape 4 兼容性：该选项设置在 Netscape 4 中也是有效的。

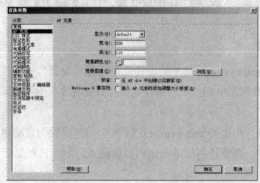

图 9-6　AP 元素首选参数设置

9.3　绘制布局表格和布局单元格

1．绘制布局表格

可以在页面的空白处和布局表格内部建立布局表格，即可以同时使用多个独立的布局表格建立复杂的页面布局，也可在布局表格中建立嵌套的布局表格。

把模式切换到布局模式后，光标激活到设计视图中，单击"布局"工具栏上的"布局表格"按钮，或者选择菜单"插入记录"→"布局对象"→"布局表格"命令，光标就会变成"+"形状。将光标放在要绘制布局表格的区域，拖动鼠标就能绘制布局表格，如图 9-7 所示。

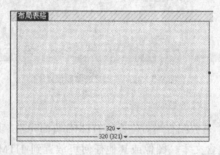

图 9-7　布局表格

2．布局表格的属性

绘制布局表格后，选定某布局表格，在属性面板中列出了该布局表格的属性，根据需要可以对布局表格的属性进行编辑，如修改布局表格的宽度和高度、背景颜色、填充、间距等。属性面板如图 9-8 所示，布局表格属性面板中的各选项介绍如下：

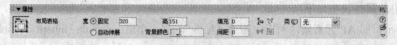

图 9-8　布局表格属性

（1）宽：设置布局表格的宽度，可以是固定值，在其后的文本框中输入值即可，也可以选择"自动伸展"，宽随着页面内容的变化而自动变化。

（2）高：设置布局表格的高度，单位是像素。

（3）背景颜色：设置布局表格的背景颜色。

（4）填充、间距：同标准模式下表格中的填充和间距的含义，详见第 7 章表格的操作。

3．绘制布局单元格

绘制布局表格后，不能直接在其中添加内容，因此还需要绘制布局单元格。可以在布局页面空白处和布局表格内部绘制布局单元格，当给空白页面中绘制布局单元格时，会自动为该单元格添加一个布局表格，在布局模式下可以向布局单元格中添加页面中的内容。

选择"绘制布局单元格"按钮 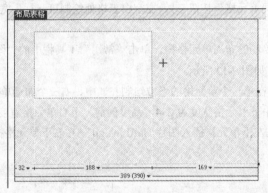，在布局表格内或者页面的空白处，鼠标变成"+"就可以绘制布局单元格了，如图 9-9 所示。

图 9-9 布局模式下的布局单元格

4．设置布局单元格的属性

选择绘制的布局单元格，可以看到属性面板如图 9-10 所示，可以设置布局单元格的宽度、高度、背景颜色等属性值。对布局单元格中的元素可以设置水平和垂直方向的对齐方式以及文本内容是否换行等操作。

图 9-10 布局单元格属性

5．布局表格的嵌套

表格是嵌套，同理布局表格也是可以嵌套的。如果要在布局表格中再绘制一个布局表格，只要把光标放置在表格内就可以绘制嵌套的布局表格，效果如图 9-11 所示。

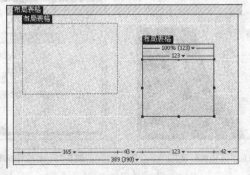

图 9-11 布局表格的嵌套

6. 布局表格和布局单元格的应用

有了布局，可以把需要的页面元素放置在页面指定的位置上，使用布局表格和布局单元格可以轻松地对页面进行布局，下面以实例方式讲解布局表格和布局单元格的应用。

实例 9-1：利用布局表格设计"标准件库图文档管理系统"登录页面的布局。

（1）准备页面设计所需图片文件（cancelIcon.gif，centerLine.gif，copyright.gif，leftLine.gif，loginIcon.gif 和 systemWelcome.gif）。

（2）在文件夹 chap8 下新建文件 firstSample.html，并将光标定位于设计视图。

（3）单击"布局"工具栏上的"布局表格"按钮 ，并设置其属性：宽固定值 630，高 450，其余默认。

（4）选择"绘制布局单元格"按钮 ，在空白表格处绘制第一行，宽固定值 630，高 175，其余默认。

（5）光标定位于刚绘制的布局单元格内，单击"常用"工具栏上的"图像"按钮 ，插入欢迎图片 systemWelcome.gif，如图 9-12 所示。

（6）按照步骤（5）在第一个单元格的下方绘制左、中、右三个布局单元格；左下单元格属性：宽固定值 117，高 253。中下单元格宽度为 234，高度同前。下右单元格宽度 279，高度亦同前。

（7）参照步骤（5）在左下单元格插入图片"leftLine.gif"，在右下单元格插入图片"copyright.gif"，效果如图 9-13 所示。

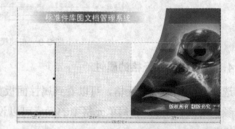

图 9-12　第一个布局单元格欢迎图片的插入效果　　　　图 9-13　左下和右下布局单元格插入图片效果

（8）用鼠标选择如图 9-13 所示灰色区域的中下布局单元格，通过 按钮再绘制一个布局表格，并通过 按钮再绘制一系列列布局单元格，实现布局单元格的嵌套，如图 9-14 所示。

（9）在如图 9-13 所示的嵌套布局单元格中输入合适的文字，并插入对应的文本字段和表格，实现最后登录界面的创建，其最终效果如图 9-15 所示。

图 9-14　中下布局单元格嵌套效果　　　　　　图 9-15　标准件库图文档管理系统示例

9.4 AP 元素

9.4.1 添加 AP 元素

要在页面中添加 AP 元素，可以按以下两种方法进行。

（1）选择"插入记录"→"布局对象"→"AP Div"命令，可以在页面的左上角绘制一个固定大小的 AP 元素。如果在首选参数中，没有对 AP 元素的属性进行修改，在默认情况下 AP 元素的宽是 200px，高是 115px。

（2）在设计视图中，把"常用"工具栏切换到"布局"，单击 AP 元素图标 ，光标变成"+"时拖动来绘制一个 AP 元素。

一个页面上可以绘制多个 AP 元素，在默认情况下是允许 AP 元素重叠的，如图 9-16 所示。

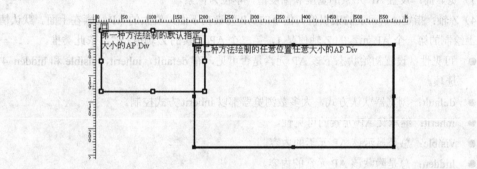

图 9-16 绘制 AP 元素

9.4.2 建立嵌套 AP 元素

建立嵌套 AP 元素就是在一个 AP 元素内绘制其他 AP 元素，执行以下任意操作均可以实现。

（1）插入一个 AP 元素，在其内再单击鼠标插入另一个 AP 元素。

（2）利用 AP 元素面板建立嵌套关系。任意创建两个 AP 元素，在 AP 元素面板中单击选取一个 AP 元素，按住 Ctrl 键并拖曳鼠标至另外一个 AP 元素。用类似的方法完成多个元素的嵌套。

如图 9-17 所示是 AP 元素的嵌套效果，从 AP 元素面板图 9-18 的名称项中可以看到，父 AP 元素 Div 1 中嵌套了子 AP 元素 Div 2，Div 2AP 元素中又嵌套了它的子 AP 元素 Div 3。

嵌套关系的子 AP 元素会随父 AP 元素某些属性的改变而改变（如移动父 AP 元素，子 AP 元素会同时移动），但父 AP 元素不会因子 AP 元素的改变而改变。

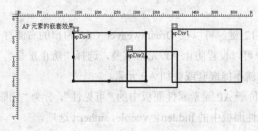

图 9-17 AP 元素嵌套效果

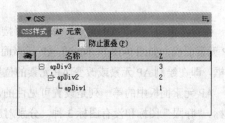

图 9-18 AP 元素面板

9.4.3　AP 元素属性设置

选择一个 AP 元素，在属性面板中可以看到 AP 元素的下列属性，如图 9-19 所示。

图 9-19　AP 元素属性

（1）CSS-P 元素：即给 AP 元素命名，在使用行为或者 JavaScript 来控制 AP 元素的时候，就必须用到这个 AP 元素编号。

（2）左、上：设置 AP 元素相对于页面或父 AP 元素（AP 元素嵌套时）左上角的位置，单位为像素。

（3）宽、高：设置 AP 元素的宽度和高度值，单位为像素。

（4）Z 轴：指定 AP 元素的索引值。值小的 AP 元素在下面，值大的 AP 元素在上面。默认情况下页面上绘制的第一个 AP 元素的 Z 轴值是 1，第二个 AP 元素的 Z 轴值是 2，依此类推。

- 可见性：设置初始状态下该 AP 元素是否可见，有 default，inherit，visible 和 hidden 4 个选项。
- default：浏览器默认方式，大多数浏览器都以 inherit 方式控制。
- inherit：继承父 AP 元素的可见性。
- visible：总是显示该 AP 元素的内容。
- hidden：总是隐藏该 AP 元素的内容。

（5）背景图像：用于为 AP 元素设置背景图像。

（6）背景颜色：用于为 AP 元素设置背景颜色。

（7）溢出：用于设置 AP 元素中放置的内容超出 AP 元素的边界时，如何操作，有四个可选值：visible，hidden，scroll 和 auto。

- visible：自动扩大 AP 元素，以完整显示其中的内容。
- hidden：AP 元素的大小不变，超出部分不显示。
- scroll：无论 AP 元素中内容是否越界，都会出现滚动条。
- auto：只有当 AP 元素中的内容超出 AP 元素的边界时才出现滚动条。

（8）剪辑：即设置 AP 元素的可见区域。通过左，上，右，下 4 个坐标值画出 AP 元素中要显示的矩形范围，而矩形外的 AP 元素中的内容将被隐藏。

9.4.4　AP 元素面板

选择"窗口"→"AP 元素"命令或直接按 F12 键，可以在 Dreamweaver CS3 窗口的右侧打开 AP 元素面板，如图 9-18 所示。在 AP 元素面板中可以设置防止 AP 元素重叠，选择"防止重叠"复选框，即在绘制 AP 元素或改变 AP 元素的位置时就不能嵌套或叠加 AP 元素。

AP 元素面板中的第一列是设置可见性的，等价于 AP 元素属性面板中的"可见性"，分为"闭眼"图标、"睁眼"图标和没有图标 3 种，分别对应属性面板中的 hidden，visible，inherit 选项。

第二列是名称，第三列是 Z 轴值，AP 元素属性面板中的 AP 元素编号和 Z 值含义相同。

9.4.5 AP 元素的操作

1．选择 AP 元素

对 AP 元素进行任何操作或改变 AP 元素的属性时，先要选择 AP 元素，可以通过下列方法来选择 AP 元素。

（1）单击 AP 元素的边框。

（2）打开 AP 元素面板，选择 AP 元素的名称，则该 AP 元素被选中。

（3）选择多个 AP 元素时，按住 Shift 键，再执行方法（1）或方法（2）的操作，可以依次选定多个 AP 元素。

2．移动 AP 元素

选择 AP 元素后，执行以下任意方法可以实现对 AP 元素的移动操作。

（1）在属性面板中的"左""上"输入要移动到的坐标值。

（2）按方向键，使 AP 元素做 1 像素的移位；按"Shift+方向键"，可使选取的 AP 元素做 10 个像素的移位。

（3）鼠标指向选定的 AP 元素，变成移动形状时，拖曳移动到目标位置。

3．改变 AP 元素

改变 AP 元素包括改变 AP 元素的大小和改变 AP 元素的顺序。选择 AP 元素后，改变 AP 元素大小的方法如下：

（1）在属性面板中修改宽、高的值。

（2）按住"Ctrl 键+方向键"，可使 AP 元素的大小做 1 像素的改变；按住"Ctrl＋Shift+方向键"，AP 元素做 10 个像素的改变。

（3）鼠标指向选定的 AP 元素，变成拖动形状时，拖曳调整到合适的大小。

（4）AP 元素属性面板中的 Z 轴描述的是 AP 元素的顺序，可以通过下列方法改变 AP 元素的顺序。

> ➤ 在属性面板中修改 Z 的值；
> ➤ 在 AP 元素面板中，单击 Z 列数值，输入新的数字；
> ➤ 鼠标指向 AP 元素名称，按住鼠标拖曳到目标位置，则 Z 值会自动调整。

4．AP 元素的排列

（1）AP 元素的对齐。使用 AP 元素的排列可以对齐多个 AP 元素，对齐方式包括左对齐、右对齐、对齐上缘、对齐下缘等，还可以设置 AP 元素的宽度值、高度值相同。

选择要排列的 AP 元素，然后选择"修改"→"排列顺序"命令，如图 9-20 所示，可以设置 AP 元素的排列效果。AP 元素的对齐中，对齐的基准是最后选择的那个 AP 元素。

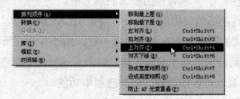

图 9-20　AP 元素的排列

（2）AP 元素的上移和下移。选择一个或者多个 AP 元素，使用"移到最上层"和"移到最下层"命令改变 AP 元素的 Z 轴值。

（3）统一 AP 元素的宽度和高度。选择多个 AP 元素，使用"设成宽度相同"和"设成高度相同"命令，把 AP 元素的宽度和高度设置成和最后选择的那个 AP 元素的高度和宽度一致。

（4）防止 AP 元素重叠。在默认情况下，创建的 AP 元素是可以重叠的，选择该命令，则 AP 元素之间不能重叠。

实例 9-2：AP 元素的对齐设置。

（1）在网页上任意绘制 4 个 AP 元素，如图 9-21 所示。

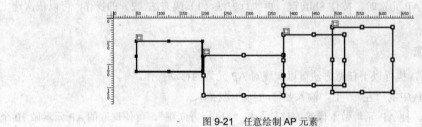

图 9-21　任意绘制 AP 元素

（2）按从左到右的顺序全部选择。

（3）选择"修改"→"排列顺序"→"对齐上缘"命令，此时效果如图 9-22 所示。

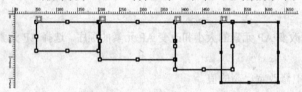

图 9-22　AP 元素对齐上缘的效果

（4）从标尺的定位上可以看到，是基于最后一个选择的 AP 元素对齐上边缘的。

9.4.6　AP 元素转换表格

AP 元素是可以随意移动的，用 AP 元素来定位页面上的内容比用表格更容易操作。因此，可以使用 AP 元素创建布局，然后将 AP 元素转换为表格，以方便制作过程。

选择"修改"→"转换"→"将 AP Div 转换为表格"命令，打开"将 AP Div 转换为表格"对话框，如图 9-23 所示。涉及的参数说明如下：

（1）最精确：用最精确的方式进行转换，为每个 AP 元素创建一个单元格并增添一些单元格来保持相邻的 AP 元素之间的距离，精确地保证转换之后的位置。

（2）最小：合并空白单元小于 X 像素宽度，转换忽略 X 像素的误差，将小于 X 像素宽的 AP 元素转换为相邻的单元格。

图 9-23　AP Div 转换为表格

（3）使用透明 GIFs：转换后的表格的最后一行用透明图像填充，以适应更多的浏览器。软件自己生成一个透明的 GIF 格式的图像填充在表格最后一行，用于保证在所有的浏览器中都有一致的外观。选中该项之后将不能拖动表格的列来编辑表格，如果不选择，可能造成在不同的浏览器中表格具有不同的列宽而具有不同外观。可以根据设计需要选用本功能。

（4）置于页面中央：转换后的表格在页面中居中显示。

（5）布局工具选项组：转换为表格后继续使用 AP 元素时可设置的参数。

实例 9-3：利用 AP Div 元素设计"标准件库图文档管理系统"登录页面的布局。

（1）准备页面设计所需图片文件与实例 9-2 相同。

（2）在文件夹 chap8 下新建文件 secondSample.html，并将光标定位于设计视图。

（3）单击"布局"工具栏上的"AP 元素"按钮，光标变成"+"时拖动米绘制一个 AP 元素 apDiv1，并设置其属性为：宽 630px，Z 轴 2，溢出选择"visible"，其余默认。

（4）再单击"AP 元素"按钮，实现第二个 AP 元素 apDiv2 的绘制，并通过 9.4.2 小节介绍的方法实现 apDiv2 嵌套于 apDiv1，并将其属性设置为：宽 630px，高 195px，Z 轴 1，其余默认。

（5）光标定位于刚绘制的 AP 元素 apDiv2 内，单击"常用"工具栏上的"图像"按钮，插入欢迎图片 systemWelcome.gif，如图 9-24 所示。

图 9-24　AP 元素 apDiv2 中插入欢迎图片的效果

（6）按照步骤 4 在 AP 元素 apDiv2 的下方绘制左、中、右三个 AP 元素（apDiv3，apDiv4，apDiv5）。

（7）设置 AP 元素 apDiv3 的属性：左 0px，上 195px，宽 177px，高 211，Z 轴 2。

（8）设置 AP 元素 apDiv4 的属性：左 119px，上 196px，宽 255px，高 213，Z 轴 2。

（9）设置 AP 元素 apDiv5 的属性：左 375px，上 196px，宽 254px，高 213，Z 轴 2。

（10）参照步骤（5）左下单元格插入图片"leftLine.gif"，右下单元格插入图片"copyright.gif"，效果如图 9-25 所示。

（11）用鼠标选择图 9-25 中 AP 元素 apDiv4，通过按钮再绘制 8 个嵌套于 apDiv4 中的 AP 元素（apDiv6 至 apDiv13），如图 9-26 所示。

图 9-25　AP 元素 apDiv3 和 apDiv3 中插入图片的效果　　　图 9-26　AP 元素 apDiv4 中的嵌套效果

（12）在如图 9-26 所示的嵌套布局单元格中输入合适的文字，并插入对应的文本字段和表格，也能实现如图 9-15 所示的最后登录界面的创建。

9.5　Spry　构　件

9.5.1　Spry 框架介绍

Spry 框架是一个 JavaScript 库，Web 设计人员使用它可以构建能够向站点访问者提供更丰富体验的 Web 页。有了 Spry，就可以使用 HTML，CSS 和极少量的 JavaScript 将 XML 数据合并到 HTML 文档中，创建构件（如折叠构件和菜单栏），向各种页面元素中添加不同种类的效果。在设计上，Spry 框架的标记非常简单且便于那些具有 HTML，CSS 和 JavaScript 基础知识的用户使用。

　　Spry 框架中的每个构件都与唯一的 CSS 和 JavaScript 文件相关联。CSS 文件中包含设置构件样式所需的全部信息，而 JavaScript 文件则赋予构件功能。当用户使用 Dreamweaver CS3 界面插入构件时，软件会自动将这些文件链接到用户的页面，以便构件中包含该页面的功能和样式。

　　Spry 构件是一个页面元素，通过启用用户交互来提供更丰富的用户体验。Spry 构件由以下几个部分组成：

　　（1）构件结构：用来定义构件结构组成的 HTML 代码块。

　　（2）构件行为：用来控制构件如何响应用户启动事件的 JavaScript。

　　（3）构件样式：用来指定构件外观的 CSS。

9.5.2　使用 Spry 构件

1. Spry 菜单栏

　　菜单栏构件是一组可导航的菜单按钮，当站点访问者将鼠标悬停在其中的某个按钮上时，将显示相应的子菜单。使用菜单栏可在紧凑的空间中显示大量可导航信息，并使站点访问者无须深入浏览站点即可了解该站点上提供的内容。

　　菜单栏构件的 HTML 中包含一个外部 ul 标签，该标签中对于每个顶级菜单项都包含一个 li 标签，而顶级菜单项（li 标签）又包含用来为每个菜单项定义子菜单的 ul 和 li 标签，子菜单中同样可以包含子菜单。顶级菜单和子菜单可以包含任意多个子菜单项。

　　Spry 菜单栏构件使用 DHTML 层来将 HTML 部分显示在其他部分的上方。如果页面中包含 Flash 内容，可能出现问题，因为 Flash 影片总是显示在所有其他 DHTML 层的上方，因此，Flash 内容可能会显示在子菜单的上方。此问题的解决方法是：更改 Flash 影片的参数，让其使用 wmode="transparent"。通过下列方法可实现 Spry 菜单栏的创建。

　　（1）选择"插入记录"→"Spry"→"Spry 菜单栏"命令或单击"布局"工具栏中 Spry 菜单栏图标 。

　　（2）在弹出的如图 9-27 所示的"Spry 菜单栏"对话框中选择所需的布局。

　　（3）选择 Spry 菜单栏对象，在如图 9-28 所示的属性检查器中设定各项目的文本、链接、标题和目标等。

图 9-27　"Spry 菜单栏"对话框

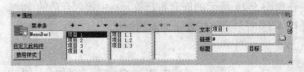

图 9-28　Spry 菜单栏属性设置

　　实例 9-4：利用 Spry 菜单栏设计制造执行系统功能菜单。

　　（1）单击"布局"工具栏中 Spry 菜单栏图标 ，弹出如图 9-27 所示的对话框，选择水平布局。

　　（2）在如图 9-28 所示的属性检查器中，设定菜单条名称为"systemMenu"，单击左侧第一个 按钮，文本设定为"生产计划管理"，标题为"从企业下发的车间计划"（即替代文本），链接和目标根据自己的需求确定在那个框架下打开什么问题。

（3）按照上述方法，通过单击╋按钮实现菜单项"生产调度管理""质量管理""设备管理""工装管理""系统集成"。

（4）在设计窗口用鼠标选择第一菜单项"生产计划管理"，单击左侧第二个╋按钮，实现二级菜单的添加，其他菜单依此类推。主要设置如图 9-29 所示，最终实现结果如图 9-30 所示。

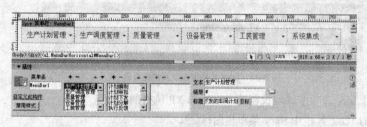

图 9-29　制造执行系统功能菜单主要设置内容

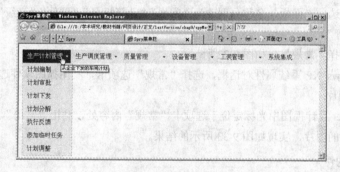

图 9-30　制造执行系统功能菜单最终结果

2. Spry 选项卡式面板

选项卡式面板构件是一组面板，用来将内容存储到紧凑空间中。站点访问者可通过单击要访问的面板上的选项卡来隐藏或显示存储在选项卡式面板中的内容。当访问者单击不同的选项卡时，构件的面板会相应地打开。在给定时间内，选项卡式面板构件中只有一个内容面板处于打开状态。下例显示一个选项卡式面板构件，第三个面板处于打开状态。其中，A 为 Tab，B 为内容，C 为选项卡式面板构件，D 为选项卡式面板。

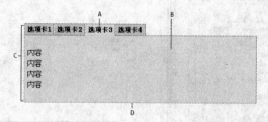

图 9-31　Spry 选项卡式面板构件

选项卡式面板构件的 HTML 代码中包含一个含有所有面板的外部 div 标签、一个标签列表、一个用来包含内容面板的 div 以及各面板对应的 div。在选项卡式面板构件的 HTML 中，在文档头中和选项卡式面板构件的 HTML 标记之后还包括脚本标签。通过下列方法可实现 Spry 选项卡面板的创建。

（1）选择"插入记录"→"Spry"→"Spry 选项卡面板"命令或单击"布局"工具栏中 Spry 菜单栏图标 。

（2）选择 Spry 选项卡面板对象，在如图 9-32 所示的属性检查器中设定面板名称和默认面板。

（3）在设计视图中移动鼠标到创建的选项卡面板中，当出现 图标时可实现选项卡面板之间的切换，通过鼠标定位可进行面板内容的设定。

图 9-32　Spry 选项卡面板属性检查器

实例 9-5：利用 Spry 选项卡式面板创建 Windows XP 风格的选项卡。

（1）单击"布局"工具栏中 Spry 菜单栏图标 。

（2）选择刚创建的选项卡面板，在如图 9-32 所示的属性检查器中单击 按钮添加 7 个面板。

（3）鼠标双击各选项卡面板，名称分别改为"常规""计算机名""硬件""高级""系统还原""自动更新"和"远程"。

（4）默认面板选择"常规"，如图 9-32 所示。

（5）打开 Windows XP 系统属性对话框，选择"常规"选项卡，利用抓图软件选择其内容，并将其保存为 gif 格式图片。

（6）Dreamweaver 设计视图中光标定位于选项卡"常规"内容处，利用"常用"工具栏中的 命令插入步骤（5）中的图片，实现如图 9-33 所示的结果。

3．Spry 折叠式构件

折叠构件是一组可折叠的面板，可以将大量内容存储在一个紧凑的空间中。站点访问者可通过单击该面板上的选项卡来隐藏或显示存储在折叠构件中的内容。当访问者单击不同的选项卡时，折叠构件的面板会相应地展开或收缩。在折叠构件中，每次只能有一个内容面板处于打开且可见的状态。图 9-34 显示了一个折叠构件，其中的第一个面板处于展开状态。

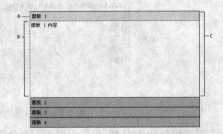

图 9-33　Windows XP 系统属性选项卡结果   图 9-34　折叠构件示例

图 9-34 中 A 为折叠式面板选项卡，B 表示的是折叠面板内容，而 C 说明了折叠式面板（打开）的状态，折叠构件的默认 HTML 中包含一个含有所有面板的外部 div 标签以及各面板对应的 div 标签，

各面板的标签中还有一个标题 div 和内容 div。折叠构件可以包含任意数量的单独面板。在折叠构件的 HTML 中，在文档头中和折叠构件的 HTML 标记之后还包括 script 标签。插入折叠构件的方法为：

（1）选择"插入记录"→"Spry"→"Spry 折叠式"命令或单击"布局"工具栏中 Spry 菜单栏图标 。

（2）选择 Spry 折叠式对象，在如图 9-35 所示的属性检查器中设定面板名称，并通过 按钮添加系列面板。

（3）光标定位在设计视图中折叠式对象，可实现 Spry 折叠式对象名称和内容的设定。

4．Spry 可折叠面板

可折叠面板构件是一个面板，可将内容存储到紧凑的空间中。用户单击构件的选项卡即可隐藏或显示存储在可折叠面板中的内容。下例显示一个处于展开和折叠状态的可折叠面板构件，如图 9-36 所示。

图 9-35 Spry 折叠式属性检查器   图 9-36 Spry 可折叠面板示例

可折叠面板构件的 HTML 中包含一个外部 div 标签，其中包含内容 div 标签和选项卡容器 div 标签。在可折叠面板构件的 HTML 中，在文档头中和可折叠面板的 HTML 标记之后还包括脚本标签。插入 Spry 可折叠面板的方法为：

（1）选择"插入记录"→"Spry"→"Spry 可折叠面板"命令或单击"布局"工具栏中 Spry 菜单栏图标 。

（2）选择创建的可折叠面板，在如图 9-37 所示的属性检查器中设定面板名称，并设置显示时为打开还是关闭，默认状态是打开还是关闭，或者确定是否启用动画。

（3）光标定位在设计视图中可折叠面板构件，可实现 Spry 可折叠面板构件名称和内容的设定。

图 9-37 Spry 可折叠面板属性检查器

9.6 标尺、网格和辅助线

在 Dreamweaver CS3 中，标尺、网格和辅助线主要是对页面中的元素进行对齐和定位操作的。

1．标尺

在设计视图中，可以看到默认情况下的标尺。有了标尺可以对 AP 元素等页面上的元素进行精确的定位，通过"查看"→"标尺"可以设置标尺的显示和隐藏，改变标尺的原点和标尺的显示单位等，如图 9-38 所示，也可以在标尺上单击右键来设置相应的属性。

当选择重设原点时，把光标放置在设计视图的左上角，然后拖动可以改变原点的位置。如图 9-39 所示为修改后的原点位置，双击左上角可以把原点还原到默认的位置。

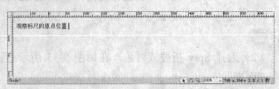

图 9-38　标尺设置菜单　　　　　　　　　　　　图 9-39　标尺的原点位置图

2．网格

Dreamweaver CS3 中，默认情况下设计视图中是没有显示网格的，当选择了"查看"→"网格"→"显示网格"命令时，就显示了网格，如图 9-40 所示，可以把页面上的元素靠齐到网格，也可以对网格属性进行设置。

选择网格属性选项后，打开"网格设置"对话框，如图 9-41 所示，可以设置网格线的颜色以及网格的间隔值和网格显示的方式。同时显示标尺和网格时，设计视图的窗口效果如同 9-42 所示。

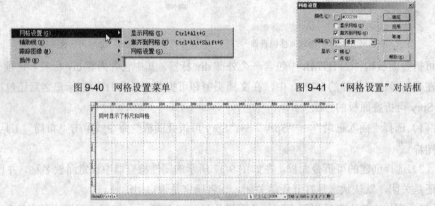

图 9-40　网格设置菜单　　　　　　　　　　　图 9-41　"网格设置"对话框

图 9-42　显示标尺和网格的窗口

3．辅助线

选择辅助线，可以看到如图 9-43 所示的辅助线的设置，可以显示辅助线、锁定辅助线、靠齐辅助线、编辑辅助线和清除辅助线等命令。当选择显示辅助线时，可以在标尺上拖动得到辅助线，可以在水平方向和垂直方向拖出一条或多条辅助线，便于对网页中需定位的元素进行操作。如图 9-44 所示为水平方向拖出两条辅助线，垂直方向拖出 3 条辅助线的效果。

图 9-43　辅助线设置菜单　　　　　　　　　　图 9-44　显示辅助线的窗口

第 10 章 表   单

【内容】

本章主要讲述表单和表单元素特点及使用方法，介绍在网页中创建表单和设置表单属性的方法。在表单对象中，首先详细地说明文本域、文本区域、按钮、复选框、单选按钮和单选按钮组、列表/菜单、文件域、隐藏域、跳转菜单、字段集和标签的添加方法，最后对 Spry 验证表达的使用进行讲解。

【实例】

实例 10-1　创建一个用户提交参赛作品表单，在该表单中添加表单对象。

实例 10-2　创建一张 Spry 验证表单，包含 Spry 验证文本域、文本区域、复选框和下拉菜单选择。

【目的】

通过本章的学习，使读者能够了解使用表单的意义、创建表单和设置表单属性的方法，掌握 Spry 验证表单的功能，并能熟练地使用 Dreamweaver CS3 制作表单和 Spry 验证表单。

10.1   表单与表单元素

表单可以用来收集用户的各种信息，在 HTML 页面中起着非常重要的作用，它是网站管理者与浏览者之间沟通的桥梁。收集并分析用户的反馈意见，做出科学、合理的决策，是一个网站成功的重要因素之一。表单通常运用在动态页面中，对于动态页面中表单的提交，可以通过电子邮件的方式获得表单用户所提交的信息。在本章中，主要讲解在 Dreamweaver CS3 中如何制作表单。

表单元素是表单中可能出现的所有的表单对象。在 Dreamweaver CS3 中列出的表单对象有文本域、文本区域、按钮、复选框、单选按钮、列表/菜单、文件域、图像域、隐藏域、单选按钮组、跳转菜单、字段集和标签等，还包括了 Spry 验证表单，如 Spry 验证文本域、Spry 验证文本区域、Spry 验证复选框和 Spry 验证选择。

10.2   在网页中创建表单

1．创建表单

要向页面文档中添加表单，首先将光标放置在要插入表单的位置，然后单击"插入记录"→"表单"，在菜单项中选择"表单"，如图 10-1 所示。或者将"常用"工具栏切换到"表单"工具栏，如图 10-2 所示，选择表单按钮 ▣，可在页面上添加表单，此时在设计视图中可以看到红色虚线框的一小块区域，代码视图中产生了 form 标签，如图 10-3 所示。

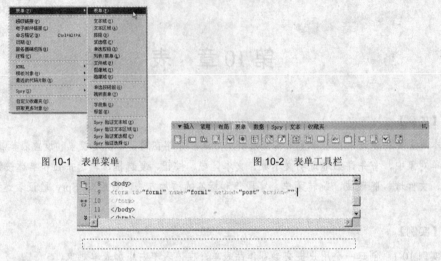

图 10-1　表单菜单　　　　　　　　　　图 10-2　表单工具栏

图 10-3　表单代码与视图

2．设置表单属性

在页面上创建表单后，可以为表单设置属性。选中表单，在属性面板中列出了表单的属性，如图 10-4 所示。属性面板中各项的含义说明如下：

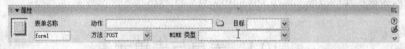

图 10-4　表单属性面板

（1）表单名称：设置表单的唯一名称。在默认情况下，页面上创建的第一个表单名称为 form1，第二个为 form2，依此类推。命名表单后，可以使用脚本语言引用或者调用表单。

（2）动作：指定处理该表单的动态页面的路径和文件名。

（3）目标：即页面的打开方式。

（4）方法：选择将表单数据传输到服务器的方法，有 POST 和 GET 两个值。

（5）MIME 类型：指定对提交服务器处理的数据或信息使用 MIME 编码类型。默认设置 application/x-www-form-urlencoded，通常与 POST 方法一起使用。multipart/form-data 类型是当创建了文件上传域后才可以使用。

10.3　在网页中添加表单对象

10.3.1　文本域

1．添加文本域

文本域也叫文本字段，是表单中可以填写的一行字段信息。添加的方法是，单击表单中要插入文本域的位置，选择"插入记录"→"表单"→"文本域"命令或者单击"表单"工具栏中的文本字段图标 📄，打开如图 10-5 所示的"插入标签辅助功能属性"对话框，在属性"标签文字"中可以输入一个文本域的标签信息，其他按默认设置，单击"确定"按钮即可。

说明✐：辅助功能属性可以取消显示，方法是选择"编辑"→"首选参数"，在左侧分类中选择"辅助功能"，在右侧选项中把"表单对象"前的勾号取消，以后插入表单对象时将不再显示辅助功能属性。

图 10-5　"插入标签辅助功能属性"对话框

2. 设置文本域属性

选择页面上的文本域，属性面板中就列出了该文本域的属性，如图 10-6 所示，其选项含义说明如下：

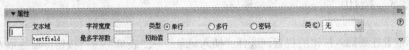

图 10-6　文本域属性面板

（1）文本域：即文本域的名称，默认第一个文本域为 textfield，第二个为 textfield2，依此类推。在动态网页中调用时通过该名称引用。

（2）字符宽度：设置文本域的宽度。

（3）最多字符数：文本域中最多能显示的字符数。譬如常用的用户名长度是 6～16 个字符，密码长度是 6～16 个字符等。

（4）类型：设置文本域的类型，有单行显示、多行显示和密码方式显示 3 种。类型选择为密码方式时，文本域中的字符以"*"号显示。三种类型的效果如图 10-7 所示。

（5）初始值：文本域中的值可以进行初始化，给出初始值。

图 10-7　文本域属性中的三种类型

10.3.2　文本区域

文本区域，也称为多行文本域，添加的方法是，单击表单中要插入文本区域的位置，选择"插入记录"→"表单"→"文本区域"命令或者单击"表单"工具栏中的文本字段图标▣，即可在指定位置插入文本区域。文本区域的属性面板和文本域类似，如图 10-8 所示，现介绍文本域中没有的属性。

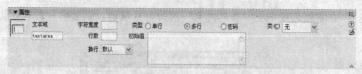

图 10-8　文本区域属性

（1）行数：用于设置多行文本区域在页面上显示的行数。

（2）换行：用于设置信息的显示方式，即当输入的信息无法在定义的文本区域中完全显示出来时，如何显示输入的内容。下拉列表中的值有默认、关、虚拟和实体 4 个值，分别说明如下：

● 关：一般浏览器默认的值就是关。即防止文本行换到下一行，当输入的内容超过文本区域的边界时，文本将向左侧滚动，只有回车换行才能将插入点移动到文本区域的下一行。

● 虚拟：在文本区域中自动换行。当用户输入的内容超过文本区域的边界时，文本换行到下一行。当提交数据给服务器时，自动换行不应用到数据中，而是以一个数据字符串的方式进行提交。

● 实体：文本区域可自动换行，但在提交数据进行处理时，数据还是自动换行的。

10.3.3　按钮

光标放置在要插入按钮的位置，选择"插入记录"→"表单"→"按钮"命令或者单击"表单"工具栏中的按钮图标 □ ，即可在指定位置插入按钮对象。默认是"提交"按钮，在属性面板中进行修改，可以添加其他类型的按钮。按钮属性面板如图 10-9 所示，对选项含义说明如下：

图 10-9　按钮属性面板

（1）按钮名称：即给按钮命名，用于在动态网页中引用。

（2）值和动作：值和动作是紧密联系在一起的。当"动作"选择"提交表单"时，"值"默认是提交；当"动作"选择"重设表单"时，"值"默认是"重置"；当"动作"选择"无"时，"值"默认是"按钮"。这些值是可以直接修改的，动作类型决定执行的操作。

10.3.4　复选框

光标放置在表单中要插入复选框的位置，选择"插入记录"→"表单"→"复选框"命令或者单击"表单"工具栏中的复选框图标 ☑ ，即可在指定位置插入一个复选框。复选框属性面板如图 10-10 所示。

图 10-10　复选框属性面板

（1）复选框名称：即给复选框命名，用于在动态网页中调用。

（2）选定值：选择复选框中的某个选项时，对应的值。

（3）初始状态：初始状态下，该选项设置选中还是未选中。

10.3.5　单选按钮和单选按钮组

光标放置在表单中要插入单选按钮的位置，选择"插入记录" ·"表单"→"单选按钮"命令或者单击"表单"工具栏中的单选按钮图标 ⊙，即可在指定位置插入一个单选按钮。如选择"单选按钮组"或者选择"布局"工具栏中的单选按钮组图标 ，可以插入一个单选按钮组。此时打开如图10-11 所示的对话框。

图 10-11　"单选按钮组"对话框

该对话框中的属性含义如下：

（1）名称：可以设置单选按钮组的名称，即表示名称 name 值相同的单选按钮为一组按钮，在这一组中只能进行唯一选择。

（2）单选按钮：➕表示添加一个按钮，➖表示删除一个按钮。通过▲和▼按钮可以改变按钮组中按钮的显示顺序。在列表中，"标签"是页面中按钮组的显示信息；"值"是表示设置该标签对应的值。选择某一标签，在页面交互中传递的是该项对应的值。

（3）布局：表示在按钮组中用换行符还是把按钮组放置在一个表格中。

10.3.6　列表/菜单

Dreamweaver 中列表和菜单用一个菜单功能来实现，通过属性中的类型可以选择是创建列表还是菜单。单击表单中要插入列表/菜单的位置，选择"插入记录"→"表单"→"列表/菜单"命令或者单击"表单"工具栏中的单选按钮图标 ，即可在指定位置插入一个列表或菜单。

当类型选择"菜单"时，属性面板如图 10-12 所示；当类型选择"列表"时，属性面板如图 10-13所示，即此时高度和选定范围可以使用。

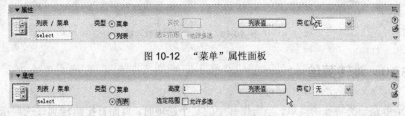

图 10-12　"菜单"属性面板

图 10-13　"列表"属性面板

菜单和列表的区别体现在：菜单中只能显示一行信息，而列表中能够设置显示的高度；菜单中只能选择一项，而列表中可以设置允许多选。

单击"列表值"按钮，打开如图 10-14 所示的对话框。通过➕按钮添加项目标签和值，"➖按钮删除项目。

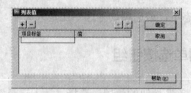

图 10-14　"列表值"对话框

10.3.7　文件域

文件域是提交表单时进行上传文件的。单击表单中要插入文件域的位置，选择"插入记录"→"表单"→"文件域"命令或者单击"表单"工具栏中的文件域图标 📄，即可在指定位置插入一个文件域。文件域的属性面板和文件域在浏览器中的效果如图 10-15 所示。

图 10-15　文件域属性和效果图

10.3.8　图像域

在表单中，需要上传图像信息时，可以使用图像域功能。插入图像域的方法是：单击表单中要插入图像域的位置，选择"插入记录"→"表单"→"图像域"命令或者单击"表单"工具栏中的图像域图标 🖾，即可在指定位置插入一个图像域。

10.3.9　隐藏域

可以使用隐藏域存储并提交非用户输入信息，该信息对用户而言是隐藏的。添加隐藏域的方法是：单击表单中要插入隐藏域的位置，选择"插入记录"→"表单"→"隐藏域"命令或者单击"表单"工具栏中的隐藏域图标 🖾，即可在指定位置插入一个隐藏域，其在设计视图中的图标是 🖾，对应的属性面板如图 10-16 所示。

图 10-16　"隐藏域"属性面板

10.3.10　跳转菜单

跳转菜单是一类特殊的菜单，当选择其中的某个选项时，页面直接跳转到该选项指定的页面或文件。单击表单中要插入跳转菜单的位置，选择"插入记录"→"表单"→"跳转菜单"命令或者单击"表单"工具栏中的跳转菜单图标 🖾，即可添加跳转菜单，打开如图 10-17 所示的对话框。

插入跳转菜单对话框中各选项功能说明如下：

（1）➕：添加项，单击该按钮添加一个菜单项。

（2）➖：移除项，在"菜单项"中选择一个菜单项，然后单击此按钮可删除该菜单项。

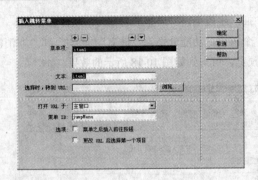

图 10-17　跳转菜单对话框

（3）▲, ▼：在列表中向上或者向下移动菜单项，改变菜单项的顺序。

（4）菜单项：添加的菜单会列在该菜单项中。

（5）文本：输入菜单项中显示的文本。

（6）选择时，转到 URL：单击浏览按钮选择要打开的文件。表示当单击该菜单项时打开的链接文件。

（7）打开 URL 于：当页面中没有框架时，该功能只有"主窗口"项；当页面中有框架时，该项设置 URL 地址的打开方式，可以选择框架中的某个子窗口。

（8）菜单 ID：输入菜单项的 ID。

（9）菜单之后插入前往按钮：选择此复选项可添加一个"前往"按钮，单击该按钮，则转向 URL 超链接文件。

（10）更改 URL 后选择第一个项目：操作中转向 URL 文件后，该页面仍然显示设置的第一个项目信息。

10.3.11　字段集

"字段集"功能在文本中设置文本标签，通过文本标签对表单中的表单对象进行分类。单击表单中要插入字段集的位置，选择"插入记录"→"表单"→"字段集"命令或者单击"表单"工具栏中的字段集图标，可以直接在页面上插入字段集信息。

10.3.12　标签

单击表单中要插入标签的位置，选择"插入记录"→"表单"→"标签"命令或者单击"表单"工具栏中的标签图标 abc，此时在设计视图中并没有添加到任何元素，但是在代码视图中可以看到 <label></label>标签，在这对标签之间输入需要的标签信息，然后在设计视图中可以看到设置的标签。

实例 10-1：创建一个用户提交参赛作品表单。

（1）在文件夹 chap10 下新建文件 oneSpry.html，并将光标定位于设计视图。

（2）在页面中添加一个表单。

（3）表单中插入一个 16 行 2 列的表格。

（4）在第 1，2，11，16 行分别进行单元格的合并操作，并在第 1，2，11 行输入相应的信息。

（5）在第一列中根据图示内容分别插入表单中的标签，如姓名、性别等。

（6）在第二列中插入相应的表单对象，如文本域、单选按钮、图像域等。

（7）在第 10 行第二列中插入字段集，字段集的名称为：软件名称。

（8）在第 16 行中插入 3 个按钮，功能分别为"提交""重写"和"取消操作"。

（9）设置完成后保存并预览，可得到如图 10-18 所示的效果。

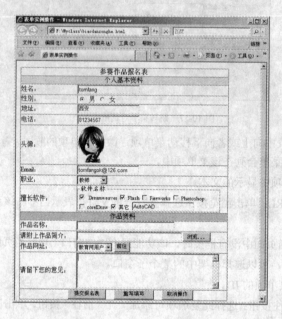

图 10-18　表单综合实例效果图

10.4　Spry 验证表单

在以往版本的 Dreamweaver 中，如果要实现表单验证功能，有两种方法，一种是使用行为面板中的检查表单行为；另一种是借助其他表单验证插件来实现。在新版本的 Adobe Dreamweaver CS3 中提供了一个 ajax 的框架 Spry，Spry 框架内置表单验证的功能，包括 Spry 验证文本域、Spry 验证文本区域、Spry 验证复选框和 Spry 验证选择，下面分别讲述。

1. Spry 验证文本域

Spry 验证文本域即用 Spry 验证表单中的文本域，所以当页面中插入 Spry 验证文本域后，可以看到仅选择文本域后，其文本域的属性和 10.3.1 节中的完全一致，当选择整个 Spry 验证文本域时，才能设置相应的属性。插入 Spry 验证文本域的方法是：光标放在要插入验证文本域的位置，选择"插入记录"→"表单"→"Spry 验证文本域"命令，或者单击"表单"工具栏中的 □ 图标，在指定位置插入一个 Spry 文本域。Spry 文本域的属性面板如图 10-19 所示，其中的选项含义说明如下：

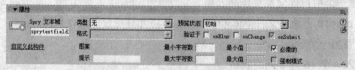

图 10-19　Spry 文本域属性面板

（1）Spry 文本域：设置该文本域的名称。默认创建的第一个名称为 sprytextfield1，第二个为 sprytextfield2，依此类推，用户也可以重命名。

（2）类型：设置 Spry 验证文本域的参数类型，根据类型进行相应的验证处理。可以选择整数、电子邮件地址、日期、时间、信用卡、邮政编码、电话号码、社会安全号码、货币、实数/科学计数法、IP 地址、URL 等，也可以自定义类型，其含义如表 10-1 所示。

（3）格式：当选择的类型有格式时，可在格式列表中选择显示的格式。

（4）预览状态：有初始、必填、无效格式和有效等值。选择的类型不同，预览状态的选项不同。

（5）验证于：选择验证该文本域时执行的动作事件，onBlur（模糊），当用户在该对象的外部单击时验证。onChange（更改），在用户进行选择时验证。onSubmit（提交），当用户提交表单时进行验证。

（6）图案：类型中选择自定义时，可以设置该项。

（7）提示：文本域中的初始信息，提醒用户输入对应类型的参数。

（8）最小字符数：Spry 文本域可以输入的最小字符个数。

（9）最大字符数：Spry 文本域可以输入的最大字符个数。

（10）最小值：当类型为整数或数值类型时，可以输入的最小值。

（11）最大值：当类型为整数或数值类型时，可以输入的最大值。

（12）必需的：选择此项，表示该文本域不能为空。

（13）强制模式：选择此项，可以禁止用户在验证文本域构件中输入无效字符。例如，如果对具有"整数"验证类型的文本域选择此选项，那么，当用户尝试键入字母时，文本域中将不显示任何内容。

表 10-1　Spry 验证文本域类型列表

验证类型	格　式
无	无需特殊格式
整数	文本域仅接受整数数字
电子邮件地址	文本域接受包含 @ 和句点 (.) 的电子邮件地址，而且 @ 和句点的前面和后面都必须至少有一个字母
日期	日期格式可变，可以从属性检查器的"格式"中进行选择
时间	时间格式可变，可以从属性检查器的"格式"中进行选择
信用卡	格式可变，可以从属性检查器的"格式"中进行选择。可以选择接受所有信用卡，或者指定特定种类的信用卡（MasterCard、Visa 等）。文本域不接受包含空格的信用卡号
邮政编码	格式可变，可以从属性检查器的"格式"中进行选择
电话号码	文本域接受美国和加拿大格式（即这样的格式：(000) 000-0000）或自定义格式的电话号码
社会安全号码	文本域接受 000-00-0000 格式的社会安全号码
货币	文本域接受 1,000,000.00 或 1.000.000,00 格式的货币
实数/科学记数法	验证各种数字：数字、浮点值、以科学记数法表示的浮点值
IP 地址	格式可变。可以从属性检查器的"格式"中进行选择

首次使用 Spry 验证表单功能保存并预览页面时，会出现如图 10-20 所示的复制相关文件对话框，把验证相关的 CSS 和 JS 文件复制到本地站点。

图 10-20　验证表单相关文件

2．Spry 验证文本区域

Spry 验证文本区域即用 Spry 验证表单中的文本区域。插入 Spry 验证文本区域的方法是：光标放在要插入验证文本区域的位置，选择"插入记录"→"表单"→"Spry 验证文本区域"命令，或者单击"表单"工具栏中的 图标，即可插入一个 Spry 文本区域。Spry 文本区域的属性面板如图 10-21 所示，其中的选项中部分和 Spry 验证文本域相同，不同的部分含义说明如下：

图 10-21　Spry 文本区域属性面板

（1）计数器：设置是否启动计数器，选择"无"，表示不设置该功能；选择"字符计数"表示启动计数器，而且是字符个数；选择"其余字符"表示启动计数器，统计其他字符个数。

（2）禁止额外字符：选择此项，可以防止用户在验证文本区域中输入的文本超过所允许的最大字符数。

3．Spry 验证复选框

Spry 验证复选框构件是表单中的一个或多个复选框，该复选框在用户选择或没有选择复选框时会显示其状态。例如，用户可以向表单中添加 Spry 验证复选框构件，该表单可能会要求用户进行三项选择。如果用户没有选择三项，会返回一条消息，提示不符合最小选择数要求。

选择"插入记录"→"表单"→"Spry 验证复选框"命令，或者单击"表单"工具栏中的 图标，即可插入一个 Spry 复选框。其属性面板如图 10-22 所示，可以设置最小和最大的选择个数。

图 10-22　Spry 验证复选框

4．Spry 验证选择

Spry 验证选择是一个下拉菜单，该菜单在用户进行选择时会显示该构件的状态。选择"插入记录"→"表单"→"Spry 验证选择"命令或者单击"表单"工具栏中的 图标，即可插入一个 Spry 验证选择菜单。其属性面板如图 10-23 所示，其中有选项不允许"空值"和无效值设置等。

图 10-23　Spry 验证选择

实例 10-2：创建一张 Spry 验证表单，包含 Spry 验证文本域、文本区域、Spry 复选框和验证选择。设计视图中创建如图 10-24 所示的表单，保存并预览在操作表单中，输入内容时，浏览结果如图 10-25 所示。其主要步骤描述如下：

（1）在文件夹 chap10 下新建文件 secondSpry.html，并将光标定位于设计视图。

（2）在页面中插入一个表单。

（3）将光标定位于表单中，插入一个"Spry 文本域"，然后在代码视图的 label 标签中输入"文本域（时间）*:"，在 Spry 文本域中的类型选择时间，格式选择为 HH:mm:ss，预览状态选择为无效格式，验证于中选择 onBlur 和 onSubmit。

（4）插入一个"Spry 文本区域"，然后在代码视图的 label 标签中输入"文本域（Email）:"，Spry 文本域中的类型选择电子邮件地址，预览状态选择为有效格式，在验证于中选择 onBlur 和 onSubmit，选择字符计数。

（5）插入一个"Spry 复选框"，然后在代码视图 label 标签中输入"复选框:"，设置三个选择项，最小选择数设置为 2。

（6）插入一个"Spry 选择"，然后在代码视图 label 标签中输入"下拉选择:"，设置三个选择项。

（7）保存并预览，输入的格式无效时，可以看到提示信息。

图 10-24　验证表单实例设计视图

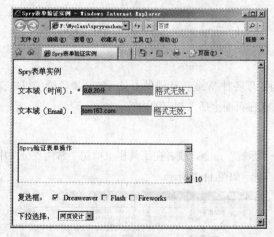

图 10-25　验证表单实例浏览效果

第 11 章　插入多媒体和其他元素

【内容】

本章讲述的是在 Dreamweaver CS3 中插入多媒体对象和其他元素的方法。首先介绍插入记录菜单中标签的使用，然后讲述多媒体对象包括 Flash、图像查看器、Flash 文本和按钮、Flash 视频，Java Applet、Active 控件和插件等的使用，最后介绍日期、水平线、文件头标签和特殊字符等的使用方法，并用实例进行说明。

【实例】

实例 11-1　在页面中插入一个 applet 标签。

实例 11-2　创建一个自动播放的图像查看器。

实例 11-3　Flash 文本和 Flash 按钮的制作。

实例 11-4　实现网页中插入播放音乐的效果。

实例 11-5　插入一条指定宽度和颜色的水平线。

【目的】

通过本章的学习，使读者了解标签的用途，理解标签的使用方法和技巧；了解多媒体对象，掌握在页面中插入多媒体对象的方法；熟练使用水平线、特殊字符、文件头标签等实现特定的功能。

11.1　插　入　标　签

Dreamweaver CS3 为处理各种 Web 设计提供了灵活的环境，除了可以直接插入相应的元素外，还可以通过插入标签的方式在页面上插入相应的内容。

1. 标签选择器

选择"插入记录"→"标签"命令，或者在工具栏上单击"常用"分类中的"标签选择器"按钮，打开标签选择器对话框，如图 11-1 所示。

图 11-1　"标签选择器"对话框

在标签选择器窗口中，左侧列出了标签的分类，包括 HTML 标签、CFML 标签、ASP.NET 标签、JSP 标签、JRun 自定义库、ASP 标签、PHP 标签和 WML 标签等。常用的标签都属于 HTML 标签，包括了页面构成标签、页元素、格式设置和布局、列表、表单、表格和脚本编制等的标签。当使用某一个标签时，可以单击"标签信息"按钮，来查看相应标签的用法和属性。

2．标签选择器

插入标签时，把光标放置在要插入的位置，然后按上述方法打开标签选择器窗口，单击需要的标签后，选择"插入记录"按钮，则打开了该标签的属性设置窗口，设置完毕，单击"确定"按钮关闭窗口，最后单击"标签选择器"窗口的"关闭"按钮即可。

下面通过实例来学习插入标签的具体过程。

实例 11-1：在页面中插入一个 applet 标签。

（1）准备插入的 applet 文件。在页面中需要的文件是一种 Java 程序，编译以后为.class 文件，这种程序不能单独执行，需要嵌入在 html 文件里才能执行。假如已经有一个编译好的文件 app.class。

（2）在 Dreamweaver 中新建一个文件并保存，然后选择"插入记录"→"标签"→"HTML 标签"命令，在打开的对话框中选择 applet，并单击"插入"按钮。

（3）在对话框中的代码文本框中通过"浏览"按钮添加 app.class 文件，对话框如图 11-2 所示，在"名称"中命名为小程序，"对齐"选择居中，在"高度"中设置 200，在"宽度"中设置 300，单击"确定"按钮。

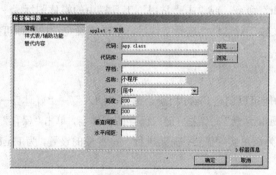

图 11-2　插入标签

（4）单击"关闭"按钮关闭标签选择器，在保存并预览时通常看到如图 11-3 所示的结果，在提示信息中，单击左键弹出一个对话框，选择"允许阻止的内容"，确认后得到插入 applet 标签的结果，如图 11-4 所示。

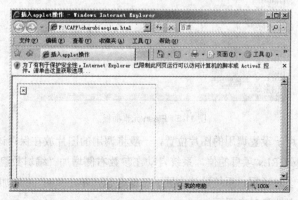

图 11-3　插入 applet 标签实例浏览效果

图 11-4　插入 applet 标签实例效果

11.2　插入多媒体对象

在网页中添加多媒体，会使网页更加生动，更具有观赏的效果。下面介绍在页面中插入各种常见多媒体对象的方法。

1．插入 Flash

要在网页中使用 Flash 动画，可以把光标放置在需要插入 Flash 的位置，然后选择"插入记录"→"媒体"→"Flash"命令，或单击"常用"工具栏中的媒体图标 🙋·，在弹出的菜单中选择 Flash，即可打开"选择文件"对话框。选择文件后，单击"确定"按钮即可把 Flash 动画插入到页面中。

2．插入图像查看器

使用图像查看器的功能可以创建 Flash 相册。选择"插入"→"媒体"→"图像查看器"命令，系统会自动弹出"保存 Flash 元素"对话框，键入保存的文件名，单击"保存"按钮。此时，一个 Flash 元素就被插入网页中了，为满足实际需要，需要进行一些参数的设置，为 Flash 相册指定调用的图片、设置相册外观等。

插入图像查看器后，在 Dreamweaver 右栏中看到一个"Flash 元素"面板，如图 11-5 所示，下面主要讲几个基本的设置值。

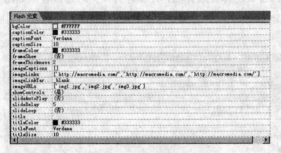

图 11-5　Flash 元素面板

（1）imageURLs：用于设置调用的图片位置，一般将调用的图片放在保存该 Flash 元素同一文件夹为宜。鼠标单击 imageURLs 项目的值，系统自动在参数右侧增加"编辑数组值"按钮，单击进入"编辑"imageURLs 数组对话框，系统默认内置了三组数值，单击"+"号增加新的数值，每一组的数值同需要调用的图片文件名对应即可。

（2）imageLinks：设置单击每张图片后访问的网址，参数设置方法基本同上。

（3）showControls：设置是否显示 Flash 相册的播放控制按钮。

（4）slideAutoPlay：设置 Flash 相册是否自动播放。

（5）transitionsType：设置 Flash 相册过渡效果的类型，默认为随机效果 Random。

（6）title，titleColor，titleFont，titleSize：添加自定义的相册标题、颜色、字体、大小等值。

（7）frameShow，frameThickness，frameColor：用于定义 Flash 相册是否有边框及边框宽度、颜色值。

（8）bgColor，captionColor，captionFont，captionSize：用于设置 Flash 相册的背景颜色、标题颜色、标题字体及大小等。

注释：Dreamweaver 会在保存相册的文件夹中自动生成一个 Scripts 文件夹。

实例 11-2：创建一个自动随机循环播放 4 张图片的图像查看器。

其操作步骤如下：

（1）准备 jpg 格式的图像文件，图像文件为 img1.jpg，img2.jpg，img3.jpg，img4.jpg。

（2）选择"插入记录"→"媒体"→"图像查看器"命令，在打开的保存 Flash 元素对话框中保存文件为 a1.swf。

（3）在右侧 Flash 元素面板中设置属性，其他属性都使用默认设置值。

- frameShow：是。
- imageCaptions：如图 11-6（a）所示。
- slideAutoPlay：是。
- slideDelay：是。
- title：图像查看器。
- immageURLs：如图 11-6（b）所示。

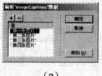

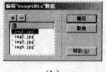

（a）   （b）

图 11-6 imageCaptions 的值

（4）保存并预览，结果如图 11-7 所示。

（a）   （b）

图 11-7 图像查看器效果

3．插入 Flash 文本

在页面中需要 Flash 动画效果的文本时，可以通过插入 Flash 文本来实现。方法是将光标放置在需要插入 Flash 文本的位置，然后选择"插入记录"→"媒体"→"Flash 文本"命令，或单击"常用"工具栏中的"媒体"图标 🥝 。在弹出的菜单中选择 Flash 文本，可以打开"插入 Flash 文本"对话框，如图 11-8 所示，各设置项含义如下：

（1）文本：在"文本"框中输入一段文字，选中后在上面的"字体""大小"中设置需要的字体和大小，还可以设置字体的样式，如粗体，斜体及对齐方式等。

（2）颜色：文字颜色有两种，"颜色"和"转滚颜色"。"颜色"设置的是在浏览器中预览时显示的颜色；而"转滚颜色"是指当鼠标移动到该文字上时的颜色。

（3）链接和目标：可以给这段文字添加链接及链接打开的目标方式。

（4）背景色：该选项可以用来设置 Flash 文本的背景色。

（5）另存为：此选项用来设置保存 Flash 文本的路径。默认情况下，该 Flash 文本保存在和页面文件相同的目录中。页面中的第一个 Flash 文本文件名为"text1.swf"，第二个为"text2.swf"，依此类推。当 Flash 文本所在的网页路径出现中文时不能正确保存 Flash 文本，所以建议不要随意改变"另存为"的路径。

4．插入 Flash 按钮

在 Dreamweaver 中还可以插入 Flash 按钮，方法与插入 Flash 文本类似。插入 Flash 按钮的对话框如图 11-9 所示。

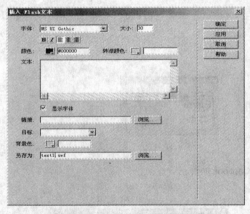
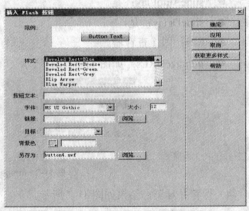

图 11-8　"插入 Flash 文本"对话框　　　　　图 11-9　"插入 Flash 按钮"对话框

选择一种按钮样式，然后在按钮文本中输入按钮的标签，对按钮标签设置字体、大小、链接、背景色等。保存时和 Flash 文本类似，默认第一个 Flash 按钮为"button1.swf"，第二个为"button2.swf"，依此类推。

实例 11-3：使用上述方法制作如图 11-10 所示的 Flash 文本和 Flash 按钮。在制作时根据各自对话框中的属性设置，可以制作一些 Flash 特效。

5．插入 Flash Paper

要在页面中插入 Flash Paper，选择"插入记录"→"媒体"→"Flash Paper"命令，或单击"常用"工具栏中的"媒体"图标，在弹出的菜单中选择"Flash Paper"，打开对话框，如图 11-11 所示。其属性的含义说明如下：

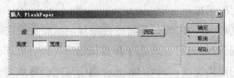

图 11-10 Flash 文本和 Flash 按钮效果图   图 11-11 "插入 FlashPaper"对话框

（1）来源：通过"浏览"按钮选取 Flash Paper 文件，在此显示文件的路径。

（2）高度和宽度：分别用来设置 Flash Paper 文件在网页中的高度和宽度。

6．插入 Flash 视频

要插入 Flash 视频，先将光标放置在要插入的位置，选择"插入记录"→"媒体"→"Flash 视频"命令，或者单击"常用"工具栏中的"媒体"图标，在弹出的菜单中选择"Flash Video"，打开对话框，如图 11-12 所示。对话框中各选项的含义如下：

（1）视频类型：用于选择视频类型，包括"累进式下载视频"和"流视频"两个选项。

（2）URL：指定视频文件（.FLV 文件）的路径。

（3）外观：指定 Flash 视频组件的外观效果。

（4）宽度/高度：以像素为单位指定视频文件在页面中播放的宽度/高度。

（5）限制高度比：保持 Flash 视频组件的宽度和高度之间的纵横比不变。

（6）自动播放：选取该复选项，则在浏览器中打开页面时自动播放。

（7）自动重新播放：指定播放控件在视频播放完之后是否返回起始位置，重新播放。

（8）必要时提示用户下载 Flash Player：在页面中插入代码，该代码将检测查看 Flash 视频所需的 Player 版本，并在用户没有所需的版本时提示他们下载 Flash Player 的最新版本。

（9）消息：指定将在用户需要下载查看 Flash 视频所需的 Player 最新版本时显示的消息。

若视频类型选择"流视频"选项，如图 11-13 所示，则对话框中各选项功能如下：

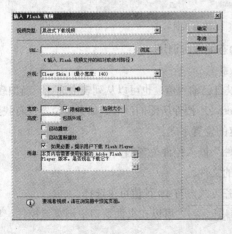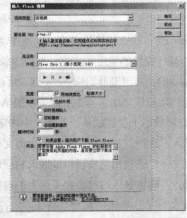

图 11-12 插入 Flash 累进式下载视频   图 11-13 插入 Flash 流视频

（1）服务器 URI：以 rmtp://myserver/myapp/myinstance 的形式指定服务器名称、应用程序名称和实例名称。

（2）流名称：指定想要播放的 Flash 视频文件的名称。

（3）实时视频插入：指定 Flash 视频内容是否是实时的。如果选定了该选项，Flash Player 将播放从 Flash Communication Server 流入的实时视频输入。实时视频输入的名称是在"流名称"文本框中指定的名称。

（4）缓冲时间：指定在视频开始播放之前进行缓冲处理所需的时间，单位为秒。默认的缓冲时间设置为 0，这样在单击了播放按钮后视频会立即开始播放。如果要发送的视频的比特率高于站点访问者的连接速度，或者 Internet 通信可能会导致带宽或连接问题，则可能需要设置缓冲时间。

7．插入 Shockwave 对象

使用 Dreamweaver CS3 可以将 Shockwave 影片插入网页中。Shockwave 是 Web 上用于交互式多媒体的一种标准，并且是用 Adobe Director 创建的一种压缩格式，能够被大多数常用浏览器快速下载和播放。

插入的方法是在设计窗口中，将插入点放置在要插入 Shockwave 影片的位置，然后选择"插入"→"媒体"→"Shockwave"命令，或者在常用工具栏中单击"媒体"图标，再从弹出的菜单中选择 Shockwave 对象图标，在打开的对话框中选择一个影片文件即可。

8．插入 Java Applet

要插入 Java Applet，可选择"媒体"中的 Java Applet，在弹出的对话框中选择一个 Applet 程序，单击"确定"按钮后，将 Java Applet 程序.class 文件插入网页中。

9．插入 Active 控件

通过 Active 控件，可以在网页中插入视频文件、电影等。方法是：先将光标放置在要插入 Active 控件的位置，选取"媒体"中的 Active（X）选项，则在页面文档中显示的是 Active 控件的占位符。选择该占位符，在属性面板中列出了 Active 控件的相关属性，如图 11-14 所示，对属性中各选项说明如下：

图 11-14　Active 控件

（1）ActiveX：输入控件的名称，以便在动态编程时调用

（2）宽/高：控件的宽度和高度，单位为像素

（3）ClassID：为浏览器识别 ActiveX。可以自己输入值，也可以从列表中选择，当加载页面时，浏览器使用该 ID 标识来确定与该页面关联的 ActiveX 控件所需的位置。如果浏览器没有找到指定的控件，则在联网状态下会尝试从"基址"中指定的位置下载。

（4）嵌入：选择该复选框，可通过"源文件"嵌入控件位置的文件。

（5）源文件：通过浏览按钮可以嵌入相应的文件。

（6）对齐：确定嵌入的对象在页面上的对齐方式，有 10 种值可供选择。

（7）播放/停止：单击"播放"按钮 ▶ 播放，可以在页面窗口中浏览该控件；单击"停止"按钮 ■ 停止，则停止播放。

（8）垂直边距和水平边距：指定该对象的上、下、左、右的空白边距。

（9）基址：指定包含 ActiveX 控件的 URL，如果操作系统中没有安装 ActiveX 控件，则浏览器将在指定的位置下载该控件；如果没有指定"基址"参数，则浏览器无法浏览该对象。

（10）编号：自定义可选的 ActiveX 参数，此参数通常被用来传递 ActiveX 控件之间的信息。

（11）数据：ActiveX 控件指定要加载的数据文件，许多 ActiveX 控件都不使用此参数。

（12）参数：单击此按钮，打开参数对话框，在此对话框中可以设置参数。例如当插入一个视频文件时，参数的设置可以如图 11-15 所示。

（13）替换图像：浏览器不支持此对象时，在宽和高指定的位置显示指定的图像。

上述插入视频的方法比较烦琐，而且要求要设置相应的几个参数，否则不能正确播放。其实还可以使用 img 标签更简单的方法插入视频，具体方法如下：

（1）在文档中插入一个图像占位符，设置宽度为 400，高度为 300。在代码视图看到这样一行代码：<img name="" src="" width="32" height="32" alt="" />。

（2）删除 img 标签中的 src 属性，并在< >之间按空格键，弹出一个快捷菜单，选择 dynsrc，如图 11-16 所示，然后通过显示的"浏览"按钮选择一个视频文件。

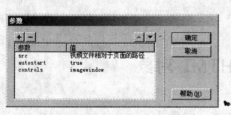

图 11-15　参数的设置　　　　　　　　　图 11-16　插入视频代码

（3）保存并预览，即可看到视频效果。该视频默认是自动播放的。

10．插入插件

通过插件可以在页面中插入声音文件等，方法是将插入点置于要插入插件的位置，选择"媒体"中的"插件"选项，从弹出的对话框中选择插件，单击"确定"按钮，页面中插入了插件的占位符⬚。选取符号，属性面板中列出的就是该插件的属性，设置相关属性，则可以在浏览器中浏览到设置的效果。

实例 11-4：实现网页中插入播放音乐 a.mp3 的效果。

（1）选择"插入记录"→"媒体"→"插件"命令，在选择文件对话框中选择 a.mp3，并单击"确定"按钮。

（2）在属性中设置插件的宽度和高度，如高度为 140，宽度为 500，单位为像素。

（3）单击属性面板中的"参数"按钮，设置参数名 autostart，值为 true。

（4）保存并预览，如图 11-17 所示，并收听播放效果。

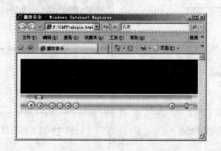

图 11-17　插件播放音乐效果

11.3 插 入 日 期

在页面中使用日期时，可以通过"插入记录"→"日期"来实现。选择"日期"后，打开了"插入日期"对话框，如图 11-18 所示，可以选择星期格式、日期格式以及时间格式等。当复选项"储存时自动更新"被选中时，可以在页面打开时自动更新时间功能。

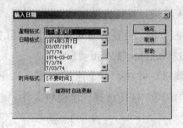

图 11-18 "插入日期"对话框

11.4 插入 HTML 对象

1. 水平线

页面中的内容和页面的页脚部分通常都需要用水平线分开。在 Dreamweaver CS3 中可以直接插入水平线，方法是先把光标放置在需要插入水平线的位置，然后选择菜单"插入记录"→"HTML"→"水平线"命令或者把"常用"工具栏切换到"HTML"，选择水平线图标▓，此时属性面板如图11-19 所示。可以设置水平线的宽度、高度、对齐以及阴影等，但是不能设置水平线的颜色。

图 11-19 "水平线"属性面板

实例 11-5：插入水平线，设置高度为 5，颜色为 blue，预览效果如图 11-21 所示。

需要设置水平线的颜色时，可以在代码视图中操作。把光标放置在水平线对应的标签<hr/>中，单击空格键，可以看到该标签的所有的属性，如图 11-20 所示。选择 color，出现颜色选择器，选择需要的颜色，保存页面并预览即可看到相应的效果。

图 11-20 设置水平线颜色

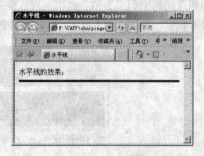

图 11-21 水平线效果图

2. 文件头标签

当在 Dreamweaver CS3 中创建任何一个页面文件时，代码视图中会有这样一行代码：<meta

http-equiv="Content-Type" content="text/html; charset=gb2312" />。这行代码就是创建文件时自动产生的一行关于文件头标签的代码。

在 Dreamweaver CS3 中，还可以插入其他的头标签，方法是选择"插入记录"→"HTML"→"文件头标签"命令，或者单击"常用"工具栏中的"文件头"图标 ，即可看到文件头标签。文件头标签包括 META、关键字、说明、刷新、基础和链接 6 种。

对于常用到的文件头标签介绍如下：

（1）关键字（keywords）：也叫分类关键词，当选择"关键字"时，打开一个对话框，如图 11-22 所示。在文本区中输入该页面中的关键字，目的就是为了在站点的搜索引擎上能够快速找到，插入后在代码中会出现：<META NAME="keywords" CONTENT="yourkeywords">。

（2）说明（description）：也叫描述，是站点在搜索引擎上的描述。用和上述类似的方法可以插入该功能，代码视图中可以看到这样一行代码：<META NAME="description" CONTENT="your homepage's description">。

（3）刷新（refresh）：刷新对话框如图 11-23 所示。当设置"延迟"值时，网页将自动执行"操作"中的功能，转到指定的 URL 或者浏览器刷新本页面。例如，设置延迟为 60s，转到 URL 为新的一个页面（假设文件名为 new.htm），则代码视图中产生 <META HTTP-EQUIV="refresh" CONTENT="60; URL=new.htm">。即浏览器将在 60 秒后，自动转到 new.htm。如果 URL 项没有设置内容，浏览器就是刷新本页。通过该功能就可以实现 WWW 聊天室定期刷新的目的。

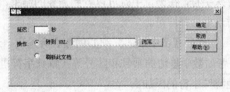

图 11-22 插入关键字对话框　　　　　　图 11-23 刷新窗口

（4）META：该标记用于描述不包含在标准 HTML 里的一些文档信息，用于网页的<head>与</head>中，meta 标签的功能很多，其属性有两种：name 和 http-equiv。name 属性主要用于描述网页，对应于 content（网页内容），以便于搜索引擎进行查找、分类。前面讲述的 description（站点在搜索引擎上的描述）和 keywords（分类关键词）就是常用的两种。http-equiv 属性的使用如同 refresh（刷新）功能，下面再列举部分功能，以供学习时参考。

● name 属性的使用：<meta name="Generator" content ="">用以说明生成工具（如 Macromedia Dreamweaver CS3）等；

<meta name="Author" content ="姓名">告诉搜索引擎您的站点的制作者；

<meta name="Robots" content ="all → none → index → noindex → follow → nofollow ">

其中的属性说明如下：

➤ all：文件将被检索，且页面上的链接可以被查询；

➤ none：文件将不被检索，且页面上的链接不可以被查询；

➤ index：文件将被检索；

➤ follow：页面上的链接可以被查询；

➤ noindex：文件将不被检索，但页面上的链接可以被查询；

➤ nofollow：文件将被检索，页面上的链接不可以被查询。

● http-equiv 属性：<meta HTTP-EQUIV="content-type" CONTENT="text/html; charset=GB2312">，

描述本页使用的语言。浏览器根据此项，就可以选择正确的语言编码，而不需要读者自己在浏览器里选择。GB-2312 是指简体中文，又如英文是 ISO-8859-1 字符集，还有 BIG5、UTF-8 等字符集。

<meta http-equiv="Content-Language"content="zh-CN">，用以说明主页制作所使用的语言；

<meta http-equiv="Expires" content="Mon,12 Mar 2008 00:20:00 GMT">，可以用于设定网页的到期时间，一旦过期则必须到服务器上重新调用。

<meta http-equiv="set-cookie" content="Mon,12 May 2001 00:20:00 GMT">，cookie 设定，如果网页过期，存盘的 cookie 将被删除。

<meta http-equiv="windows-Target" content="_top">，强制页面在当前窗口中以独立页面显示，可以防止自己的网页被别人当做一个 frame 页调用。

<meta http-equiv="Page-Enter" content="revealTrans(duration=10,transtion=50)">和<meta http-equiv="Page-Exit" content="revealTrans(duration=20，transtion=6)">，设定进入和离开页面时的特殊效果。

3．特殊字符

在网页设计中，当需要用到一些特殊字符时，可以在 Dreamweaver CS3 中直接通过插入功能实现。实现的方法有两种，介绍如下：

（1）在设计视图中插入。在设计视图中，把光标放置在要插入特殊字符的位置，选择菜单"插入记录"→"HTML"→"特殊字符"命令，可以看到如图 11-24 所列出的一些特殊字符，选择其中的一种特殊字符，在浏览中就可以看到需要的结果，没有列出需要的字符时，选择其他字符，打开特殊字符对话框选择即可。

（2）在代码视图中插入。细心的读者会发现，通过这种方法可以插入部分的特殊字符，还有其他一些，譬如数学里边的乘号和除号等在特殊字符里并没有列出，此时可以在代码视图中进行操作来实现其他特殊字符的添加。

把光标放置在代码视图中需要添加特殊字符的位置，单击键盘上的"&"键，可以看到如图 11-25 所示的下拉列表，从中选择要添加的特殊字符即可。

图 11-24　插入特殊字符菜单

图 11-25　特殊字符列表

第 12 章　CSS 样式

【内容】

本章讲述的是 Dreamweaver CS3 中 CSS 层叠样式表的使用方法。首先介绍 CSS 层叠样式表及其面板的概念和特点，然后讲述样式的创建和使用方法，最后介绍 CSS 样式规则的定义、应用和设置问题，并用实例进行说明。

【实例】

实例 12-1：文本 CSS 样式的设置和应用。

实例 12-2：按钮 CSS 样式的设置和应用。

【目的】

通过本章的学习，使读者了解 CSS 层叠样式表的用途，理解样式表的使用方法和技巧；熟练使用 CSS 样式规则定义页面中的表格、文字和按钮等。

12.1　CSS 层叠样式表概述

为方便建立统一格式的网站，Dreamweaver CS3 提供了 CSS 样式，用于控制页面内容的外观和格式等。

CSS 是 Cascading Style Sheet 的缩写，中文翻译为级联样式表或者层叠样式表，简称 CSS 样式表。CSS 样式就是含有多个文本属性和网页属性的集合。因为网页设计最初是用 html 标记来定义页面内容及格式的，如正文标记<body>，段落标记<p>等，这些标记不能满足更多的文档样式的需求，后来W3C 颁布了有关样式表的标准，就是现在所用的 CSS 样式。

利用 CSS 样式可以对页面中的文本、段落、图像和页面背景等实现更加精确的控制，还可以调整浏览器的一些显示属性。

CSS 样式让页面实现了网页内容和格式定义的分离，通过修改 CSS 样式表文件就可以修改整个站点文件的风格，大大减少更新站点的工作量。

12.2　CSS 样式面板

在 Dreamweaver CS3 中，选择"窗口"→"CSS 样式"命令或者按"Shift＋F11"键，将打开 CSS样式表，如图 12-1 所示。

在此 CSS 样式表中，各面板及其选项含义说明如下：

（1）在"全部"面板中可以看到。

（2）所有规则：列出所有对某一个标签定义的 CSS 样式规则。

（3）属性：当选择左下角的显示类别视图，在属性面板中列出了 9 类属性。单击"＋"号图标可以看到这 9 类中可能设置的所有属性，分别为"字体""背景""区块""边框""方框""列表""定位""扩展"和"表，内容，引用"。如图 12-2 所示，字体属性的含义如下：

图 12-1　CSS 样式表

图 12-2　字体属性

- font-family：字体类型
- font-size：字体大小
- color：字体颜色
- font-style：字体样式
- line-height：下画线高度
- font-weight：字体加粗
- text-transform：字体转换
- font-variant：大小写转换
- text-decoration：文本修饰
- font：字体
- text-shadow：文本阴影及模糊效果
- font-size-adjust：调整字体大小
- font-stretch：字体拉伸变形效果
- direction：字体显示方向
- unicode-bidi：显示同一个页面里从不同方向读进的文本，与 direction 属性一起适用。

"背景"属性如图 12-3 所示，各属性的含义如下：

- background：背景
- background-color：背景颜色
- background-image：背景图像
- background-attachment：背景附件
- background-repeat：背景重复
- background-position：背景位置

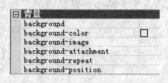

图 12-3　背景属性

"区块"属性如图 12-4 所示，各属性含义如下：

- word-spacing：字体间距
- letter-spacing：字母间距
- text-align：文本排列
- vertical-align：垂直方向排列

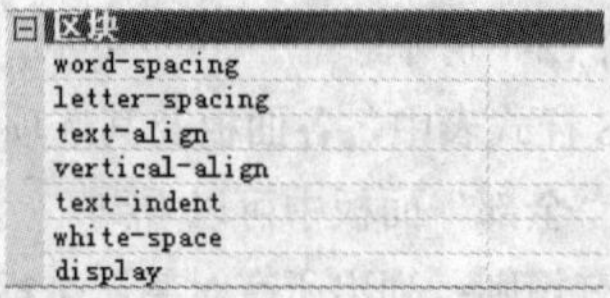

图 12-4　字体属性

- text-indent：文本缩进
- white-space：空格
- display：显示

"边框"属性如图 12-5 所示，各属性的含义如下：

- border：边框
- border-top-color：上边框颜色
- border-right-color：右边框颜色
- border-bottom-color：下边框颜色
- border-left-color：左边框颜色
- border-top-style：上边框模式
- border-right-style：右边框模式
- border-bottom-style：下边框模式
- border-left-style：左边框模式
- border-top-width：上边框宽度
- border-right-width：右边框宽度
- border-bottom-width：下边框宽度
- border-left-width：左边框宽度
- border-top：上边框
- border-right：右边框
- border-bottom：下边框
- border-left：左边框
- border-color：边框颜色
- border-width：边框宽度
- outline-color：轮廓线颜色
- outline-style：轮廓线样式
- outline-width：轮廓线宽度
- outline：轮廓线

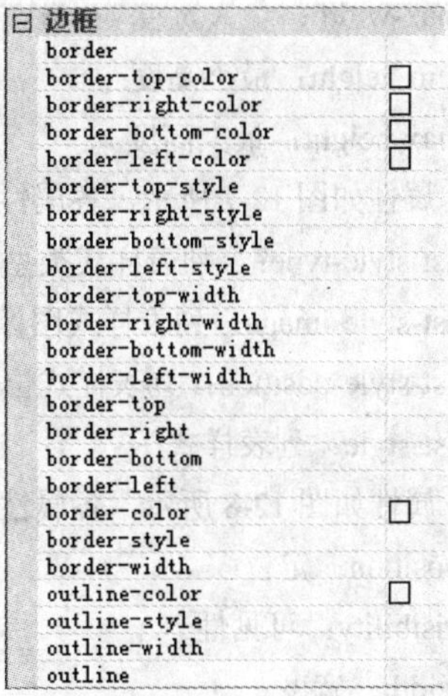

图 12-5　边框属性

"方框"属性如图 12-6 所示，各属性的含义如下：

- width：宽度
- height：高度
- float：浮动
- clear：清楚
- margin：边界
- margin-top：上边界
- margin-right：右边界
- margin-bottom：下边界
- margin-left：左边界
- padding：填充
- padding-top：上填充

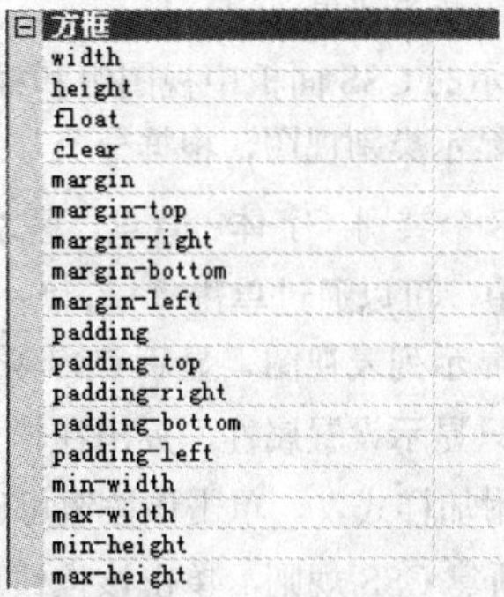

图 12-6　方框属性

- padding-right：右填充
- padding-bottom：下填充
- padding-left：左填充
- min-width：最小宽度
- max-width：最大宽度
- min-height：最小高度
- max-height：最大高度

"列表"属性如图 12-7 所示，各属性的含义如下：

- list-style-type： 列表样式类型
- list-style-image：列表样式图像
- list-style-position：列表样式位置
- list-style：列表样式

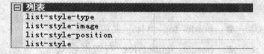

图 12-7　列表属性

"定位"属性如图 12-8 所示，各属性的含义如下：

- position：定位
- visibility：可见性
- width：宽度
- height：高度
- left：左侧
- top：顶部
- right：右侧
- bottom：底端
- z-index：Z 轴
- clip：剪辑操作
- overflow：溢出操作

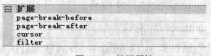

图 12-8　定位属性

"扩展"属性如图 12-9 所示，各属性的含义如下：

- page-break-before：换页之前
- page-break-after：换页之后
- cursor：光标效果
- filter：滤镜效果

图 12-9　扩展属性

如图 12-1 所示的 CSS 面板中视图组和样式组的功能描述如下：

（1）☰：显示类别视图，根据分类显示 CSS 样式中所有可用的属性。将 Dreamweaver 支持的 CSS 属性划分为 8 个类别：字体、背景、区块、边框、方框、列表、定位和扩展。每个类别的属性都包含在一个列表中，可以通过单击"＋"，"—"折叠或展开它。

（2）A↓：显示列表视图，显示 CSS 样式中所有的列出的属性。

（3）**↓：只显示设置属性，列出在样式中设置过的属性，此视图为默认视图。

（4）：附加样式表，单击该按钮可以应用已有的 CSS 样式到当前文本。

（5）：新建 CSS 规则，单击该按钮可以新建一个 CSS 样式。

（6）：编辑样式，单击该按钮可以编辑当前的 CSS 样式。

（7）：删除 CSS 样式，单击该按钮可以删除当前的 CSS 样式。

12.3 新建样式表和链接样式

1. 新建样式表

单击"CSS 样式"面板中的"新建 CSS 规则"按钮 🔂，打开"新建 CSS 规则"对话框，如图 12-10 所示。

"新建 CSS 规则"对话框中各选项的含义说明如下：

（1）"选择器类型"选项组：选择新建样式的类型，其中有 3 个可选项。

- 类（可应用于任何标签）：是最基本的也是最灵活的样式，定义这个样式后，可应用于任何标签，在需要应用样式的地方都可以应用它。
- 标签（重新定义特定标签的外观）：就是重新定义特定标签的外观，即对 html 标签的默认格式重新定义。
- 高级（ID、伪类选择器等）：这是一种特殊类型的样式，为具体某个标签组合或所有包含特定 ID 属性的标签定义格式。其中用得最多的就是设置链接的特殊效果。

（2）名称：在选择器类型中选择不同的选项，"名称"标签也有变化。

- 选择"类"选项时，显示的是"名称"文本框，用于输入样式名称。
- 选择"标签"选项，则此处为"标签"文本框，用于选择一个标签或输入一个标签。
- 选择"高级"选项，则此处为"选择器"文本框，也称作伪类选择器。用于从列表中选择一个标签，包括 a:active，a:hover，a:link 和 a:visited 。

（3）定义在：用于设置 CSS 样式的定义代码存放的位置。

- 新建样式表文件：存放在一个新建样式表文件中，文件的扩展名为.CSS，可以用于任何文档中。
- 仅对该文档：CSS 样式存放在页面文档中的头部<head></head>内，只对当前页面有效。

2. 链接 CSS 样式

新建 CSS 规则时，在"定义在"中选择新建样式表文件，则创建的 CSS 规则都会保存在一个 CSS 文件中，此时单击附加样式表按钮 ▦，打开如图 12-11 所示的对话框，通过浏览按钮选择一个.CSS。各选项的含义说明如下：

图 12-10 "新建 CSS 规则"对话框

图 12-11 "链接外部样式表"对话框

（1）文件/URL：选择一个.CSS 文件。

（2）添加为：有链接和导入两个选项。

- 链接：是指网页中的 CSS 样式与这个准备链接的外部 CSS 样式是链接关系，当这个外部的 CSS 样式改变时，网页中的样式也会随着改变。
- 导入：将这个 CSS 样式替换当前网页中的样式，当这个外部 CSS 样式改变时网页中样式不会随着改变。

（3）媒体：从下拉列表中选择指定样式表的目标媒介。

设置完毕后，单击"确定"按钮，可以把 CSS 样式表文件使用到当前页面中。

12.4　CSS 样式规则定义

在介绍"CSS 样式面板"时，显示类别视图中按类列出了 9 个属性，如图 12-12 所示，其中前 8 个属性可以在"CSS 样式面板"中进行设置，也可以通过样式的"CSS 规则定义"对话框进行更详细的设置。

1．类型

按第 12.3 节内容新建一个 CSS 样式后，单击面板右下角的"编辑样式"按钮 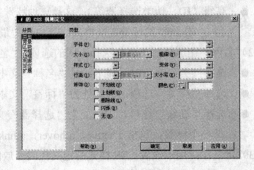，或者双击该样式，打开"CSS 规则定义"对话框。选择左侧"分类"列表项中的"类型"选项，打开如图 12-13 所示的对话框。"类型"选项中各属性说明如下：

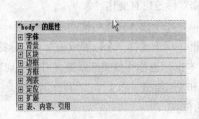

图 12-12　其他属性　　　　　图 12-13　CSS 规则定义分类属性对话框

（1）字体：设置样式的字体，从下拉列表中选择一种字体，当没有需要的字体时，可以选择编辑字体列表，添加相应的字体样式。

（2）大小：定义样式中文本的大小，可以在下拉列表中选择字体大小和度量单位。度量单位有像素（px）、点数（pt）、英寸（in）、厘米（cm）、毫米（mm）、12pt 字（pc）、字体高（em）、字母 x 的高（ex）和%（百分比）等，建议用户以像素为单位设置字体大小。

（3）粗细：应用特定或相对的粗体样式。下拉列表中可供选择的选项有正常、斜体、特粗、细体和数值。

（4）样式：制定字体样式，可选择的选项有正常、斜体或偏斜体。默认是"正常"。

（5）变体：设置文本的小型大写字母，设置的效果在浏览器中预览时才看得到。

（6）行高：设置文本所在行的高度，选择"正常"，则系统自动计算字体大小的行高；选择"值"选项，用户可输入数值自定义行高。

（7）大小写：将所选择文本中的每个单词的首字母大写或将文本设置为全部大写或者全部小写。

（8）修饰：设置文本的特殊效果，添加下画线、上画线、删除线或文本闪烁等。

（9）颜色：设置文本的颜色。

2．背景

在 CSS 样式规则定义中选择"分类"列表框中的"背景"选项，在右侧显示出"背景"所包含的选项，如图 12-14 所示。

"背景"选项中各属性说明如下：

（1）背景颜色：设置添加 CSS 样式的元素的背景颜色。

（2）背景图像：设置添加 CSS 样式的元素的背景图像。

（3）重复：设置背景图像的重复情况，下拉列表中有 4 个值。

● 不重复：无论图像大小，只显示一幅背景图像；

● 重复：图像在横向和纵向都重复显示，排满整个窗口；

● 横向重复：图像只在窗口的横向重复；

● 纵向重复：图像只在窗口的纵向重复。

（4）附件：设置背景图像的位置是固定不变还是随内容一起滚动，有固定和滚动两个值。

（5）水平位置：设置背景图像相对于文档窗口或页面元素的初始水平位置。

（6）垂直位置：设置背景图像相对于文档窗口或页面元素的初始垂直位置。

3. 区块

"区块"选项如图 12-15 所示，主要是文字的整体效果的设置。各选项属性说明如下：

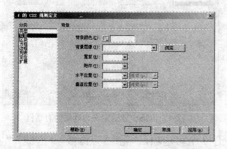

图 12-14 CSS 规则定义背景属性对话框   图 12-15 CSS 规则定义区块属性对话框

（1）单词间距：设置单词的间距。可选正常或特定的值，当选择"值"时，直接输入一个数值，再从后面下拉列表中选择度量单位。

（2）字母间距：设置字母的间距。含义同上。

（3）垂直对齐：指定元素的垂直对齐方式，有"基线"对齐，"下标"对齐，"上标"对齐，"顶部"对齐，"文本顶"对齐，"中线"对齐，"底部"对齐，"文本底"对齐，等等，还可以选择"值"，直接赋值，值的单位是相对于元素行高的百分比。

（4）文本对齐：设置文本的对齐方式。

（5）文字缩进：指定段落中第一行缩进的程度。

（6）空格：确定如何处理元素中的空格。选择"正常"收缩空格；选择"保留"处理方式同 pre 标签，即保留所有空白，制表符和回车等；选择"不换行"，设置仅当遇到强制断行符 br 标签时，文本才换行。

（7）显示：制定是否显示元素及如何显示元素。若选择"无"，则关闭元素显示。其他选项的值分别为内嵌、块、列表项、追加部分、紧凑、标记、表格、内嵌表格、表格行组、表格标题组、表格注脚组、表格行、表格列组、表格列、表格单元格和表格标题等。

4. 方框

"方框"设置空白区域的位置大小。"方框"面板如图 12-16 所示，各选项属性说明如下：

（1）宽/高：设置元素的宽度和高度。有"自动"和"值"两个选项。

（2）自动：当内容超出方框时，会自动显示滚动条。

（3）值：自定义方框的宽度和高度，默认单位是像素。

（4）浮动：设置其余元素在方框周围的显示对齐方式，有左对齐、右对齐和无 3 个选项。

（5）清除：元素定义的边不允许有层，选项包括"左对齐""右对齐""两者"和"无"4 个选项。

（6）填充：指定元素内容与元素边框之间的空格量。选中"全部相同"复选框，可将相同的填充属性设置并用于元素的上、右、下、左值。

（7）边界：指定一个元素的边框与另一个元素之间的空格间距。

5．边框

边框用于设置图片等，添加不同类型宽度的边框，其面板如图 12-17 所示，各选项的属性说明如下：

图 12-16　CSS 规则定义方框属性对话框　　　　图 12-17　CSS 规则定义边框属性对话框

（1）样式：设置一个元素有可见边框的样式，有 9 个可选项，"无""点画线""虚线""实线""双线""槽状""脊状""凹陷""凸出"。

（2）宽度：设置元素边框的宽度。

（3）颜色：设置上、右、下、左边框的颜色。

6．列表

列表用于列表设定，可以创建不同类型的列表。"列表"对话框如图 12-18 所示，各选项的含义说明如下：

（1）类型：设置项目符号或编号的外观，有"圆点""圆圈""方块""数字""小写罗马数字""大写罗马数字""小写字母""大写字母"和"无"等选项。

（2）项目符号图像：为项目符号指定自定义图像。

（3）位置：设置列表项文本的缩进和凸出效果。

7．定位

定位主要用于 AP 元素的设定。"定位"对话框如图 12-19 所示，各选项说明如下：

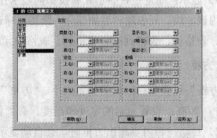

图 12-18　CSS 规则定义列表属性对话框　　　　图 12-19　CSS 规则定义定位属性对话框

（1）类型：确定浏览器如何定位 AP 元素的位置，有以下几个选项：

　➤　绝度：相对于页面左上角确定 AP 元素的位置；

　➤　固定：用指定的位置来放置 AP 元素；

　➤　相对：相对于某一元素的位置来布局 AP 元素。

（2）显示：确定 AP 元素的初始显示状态，有"继承""可见""隐藏"等选项。

（3）宽/高：设置 AP 元素的宽度和高度。

（4）Z 轴：确定 AP 元素的叠放顺序。

（5）溢位：就是 AP 元素的操作中介绍的溢出操作。

（6）置入：指定 AP 元素的位置和大小。

（7）裁切：就是在 AP 元素的操作中讲述的"剪辑"操作。

8．扩展

"扩展"对话框如图 12-20 所示，用于设置分页和视觉效果。

（1）分页：要打印页面时控制在对象之前或之后分页。

（2）视觉效果：设置光标及滤镜效果。

（3）"光标"指定当指针位于样式所控制的对象上时改变指针对象。

"滤镜"对样式所控制的对象应用特殊效果，如图 12-21 所示为可能设置的属性。分别为透明的界面效果，混合渐变过滤器，风吹模糊效果，特定颜色的透明效果，阴影效果，水平翻转，垂直翻转，边缘过滤效果，灰白效果，图片产生底片效果，加入光源投射效果，遮蔽效果，显示渐变过滤器，渐成阴影效果，加入波浪变形效果和加入轮廓效果。在使用时，其中属性参数中的"？"需要用一个具体的值来代替。

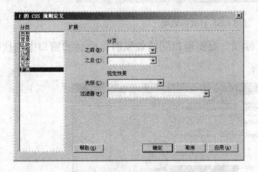

图 12-20　CSS 规则定义扩展属性对话框　　　　　　图 12-21　滤镜属性

12.5　应用 CSS 样式

创建好 CSS 样式后，还需要把 CSS 样式应用到页面中。如果创建的 CSS 样式是一个新建样式表文件，那么保存成扩展名是.css 的文件。此时要在哪个页面中使用的话，单击 CSS 样式面板中的"附加样式表"按钮，打开链接 CSS 样式表对话框进行选择即可，详见 12.3 节中的链接 CSS 样式。

如果创建的 CSS 样式是仅对该文档的，那么选择文档中的需要使用 CSS 样式的元素后，在属性面板中的"样式"下拉列表中选择即可。也可以在代码视图中，在该元素的开始标签处按空格键，在弹出的下拉列表中选择 class，然后在对应的值中选择需要的值。

12.6 Style 自动样式与 html 样式

在 Dreamweaver CS3 中，当在"首选参数"中的"常规"分类中选择了"使用 CSS 而不是 HTML 标签"时（安装 Dreamweaver CS3 后，默认设置是选中的），对于文档中的文本设置的字体、大小、样式、颜色等都会自动产生一个 Style 样式，第一个名称为 Style1，第二个为 Style2，依此类推。

此 Style 样式在代码视图中，设计视图中以及属性中看到的效果如图 12-22 所示。

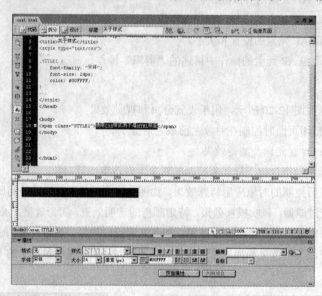

图 12-22 使用 CSS 样式的效果

如果没有选择"使用 CSS 而不是 HTML 标签"而实现相同的效果时，看到的窗口中的代码如图 12-23 所示。

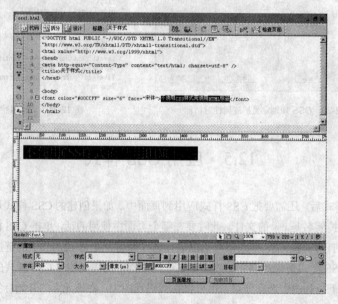

图 12-23 使用 HTML 标签的效果

12.7 在"首选参数"中设置 CSS 样式

打开首选参数中的 CSS 样式，可以看到如图 12-24 所示的对话框，在此对话框中能够设置创建 CSS 规则以及编辑 CSS 规则等属性。

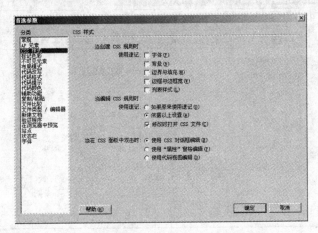

图 12-24 首选参数中 CSS 设置对话框

实例 12-1：文本 CSS 样式的设置和应用。

（1）选择菜单项"插入记录"→"表格"命令，在弹出的表格创建对话框中，确定 1 行 2 列，并且表格粗细为 0 像素。

（2）在创建的左侧单元格中插入事先准备好的图片"leftPicture.jpg"。

（3）单击"CSS 样式"面板中的"新建 CSS 规则"按钮 🔁，在如图 12-10 的对话框中定义名称为".title"，定义选择为"仅对该文档"。在如图 12-13 所示的 CSS 规则定义分类属性对话框中设定文本的字体、颜色和大小，最终设置内容的代码如图 12-25 所示。

（4）按照上述方法依次定义 CSS 规则".author"".text"和".comment"，详细内容分别如图 12-26、图 12-27 及图 12-28 所示。

```
7   <style type="text/css">
8   <!--
9   .title {
10      font-family: "隶书";
11      font-weight: bold;
12      color: #008040;
13      text-decoration: blink;
14      font-size: 36px
15  }
```

图 12-25 .title 的 CSS 规则定义

```
15  }
16  .author {
17      font-family: "楷体_GB2312";
18      font-weight: bold;
19      color: #008040;
20      text-decoration: blink;
21      font-size: 20px;
22      font-style: italic;
23  }
```

图 12-26 .author 的 CSS 规则定义

```
23  }
24  .text {
25      font-family: "楷体_GB2312";
26      font-size: 20px;
27      font-style: bold;
28      font-weight: lighter;
29      color: #008040;
30      text-decoration: blink;
31  }
```

图 12-27 .text 的 CSS 规则定义

```
15  }
16  .author {
17      font-family: "楷体_GB2312";
18      font-weight: bold;
19      color: #008040;
20      text-decoration: blink;
21      font-size: 20px;
22      font-style: italic;
23  }
```

图 12-28 .comment 的 CSS 规则定义

（5）在右侧单元格中插入一段文字，选择"一剪梅"，在属性检查器中选择"title"样式。

（6）按照上述方法依次选择插入文本中的作者、正文和评论部分，并在属性检查器中确定其样式分别为"author""text"和"comment"。

（7）网页最终效果如图 12-29 所示。

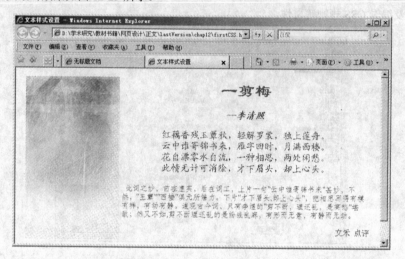

图 12-29　文本 CSS 样式设置示例

实例 12-2：按钮 CSS 样式的设置和应用。

（1）准备图片和文本，利用表格布局并插入相关的图片和文字，实现如图 12-30 所示的页面设计。

图 12-30　页面初始设计效果

（2）单击"CSS 样式"面板中的"新建 CSS 规则"按钮 🛢，在如图 12-10 所示的对话框中定义名称为".Bsbttn"，定义选择为"定义样式表文件"，选择保存的路径，将文件保存为"pageType.css"。

（3）打开文件"pageType.css"，在 CSS 样式面板中定义其属性，其详细信息如图 12-31 所示。

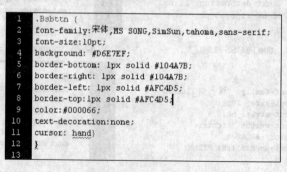

```
1  .Bsbttn {
2  font-family:宋体,MS SONG,SimSun,tahoma,sans-serif;
3  font-size:10pt;
4  background: #D6E7EF;
5  border-bottom: 1px solid #104A7B;
6  border-right: 1px solid #104A7B;
7  border-left: 1px solid #AFC4D5;
8  border-top:1px solid #AFC4D5;
9  color:#000066;
10 text-decoration:none;
11 cursor: hand}
12 }
13
```

图 12-31　文件 pageType.css 样式的详细定义

（4）在设计视图中分别选择按钮"新增人员""修改人员信息""创建系统用户""删除人员"和"查询"按钮，在如图 12-11 所示的"链接外部样式表"对话框中选择设定好的样式文件"pageType.css"。

（5）按钮 CSS 样式的设计即可实现，其效果如图 12-32 所示。

图 12-32　按钮 CSS 样式设置示例

第 13 章　行为和特效操作

【内容】

在网页中，行为的设置能为网页对象添加一些动态效果和简单的交互功能。本章讲述 Dreamweaver CS3 的内置行为，包括交换图像、弹出消息、恢复图像交换、拖动 AP 元素和改变属性等。除过内置的这些行为，此外，还讲述使用 Marquee 标签创建页面的特效。

【实例】

实例 13-1：添加"弹出信息"窗口。

实例 13-2：添加"打开浏览器窗口"。

实例 13-3：拖动一个 AP 元素到指定的目标位置。

实例 13-4：设置页面的状态栏效果。

实例 13-5：使用"调用 JavaScript"来实现关闭窗口的功能。

实例 13-6：marquee 效果的使用。

【目的】

通过本章的学习，使读者能够熟练地使用行为面板中的各个功能，为页面添加动态特效。

13.1　行　为　概　述

1．行为

Dreamweaver CS3 提供了大量的行为，这些行为的设置能为网页对象添加一些动态效果和简单的交互功能，不熟悉脚本语言（如 JavaScript 或 VBScript）的用户可以方便地设计出通过复杂的脚本语言才能实现的功能。

行为是用来动态响应用户操作、改变当前页面效果或是执行特定任务的一种方法，是由对象、动作和事件构成的。行为可以附加到整个文档，还可以附加到链接、图像、表单元素或其他 HTML 元素中。

2．对象

对象是产生行为的主体。网页中的大部分元素都可以看成是对象，例如：整个 HTML 文档、插入的一幅图片、一段文字、一个媒体文件等。对象也是基于成对出现的标签的，在创建时首先选中对象的标签。

3．事件

事件是触发动态效果的条件，网页事件可分为不同的种类。有的与鼠标有关，有的与键盘有关，如鼠标单击、键盘某个键按下等。有的事件还和网页相关，如网页下载完毕，网页切换等。对于同一个对象，不同版本的浏览器支持的事件种类和数量也不同。

下面列出 Dreamweaver CS3 中的一些主要事件，其中的 NS 代表 Netscape 浏览器，IE 代表 Internet

Explorer 浏览器，后面的数值为可支持事件的最低版本号。

（1）鼠标事件。

● onClick(NS3、IE3)：单击选定元素将触发该事件；

● onDblClick(NS4、IE4)：双击选定元素将触发该事件；

● onMouseDown(NS4、IE4)：当用户按下鼠标按钮时触发该事件；

● onMouseMove(IE3、IE4)：当鼠标指针停留在对象边界内时触发该事件；

● onMouseOut(NS3、IE4)：当鼠标指针离开对象边界时触发该事件；

● onMouseOver(NS、IE3)：当鼠标指针移动到特定对象时触发该事件；

● onMouseUp(NS4、IE4)：当按下的鼠标按钮被释放时触发该事件。

（2）键盘事件。

● onkeyPress(NS4、IE4)：当用户按下并释放时触发该事件；

● onkeyDown(NS4、IE4)：当用户按下时触发该事件；

● onkeyUp(NS4、IE4)：按下后释放该键时触发该事件。

（3）表单事件。

● onChange(NS3、IE3)：改变页面中的数值时将触发该事件；

● onFocus(NS3、IE3)：当指定元素成为焦点时将触发该事件；

● onBlur(NS3、IE3)：当特定元素停止作为用户交互的焦点时触发该事件；

● onSelect(NS3、IE3)：在文本区域选定文本时触发该事件；

● onSubmit(NS3、IE3)：确认表单时触发该事件；

● onReset(NS3、IE3)：当表单被复位到其默认值时触发该事件。

（4）页面事件。

● onLoad(NS3、IE3)：当图片或页面完成装载后触发该事件；

● onUnload(NS3、IE3)：离开页面时触发该事件；

● onError(NS3、IE4)：在页面或图片发生装载错误时触发该事件；

● onMove(NS4、IE5)：移动窗口或框架时触发该事件；

● onResize(NS4、IE5)：当用户调整浏览器窗口或框架尺寸时触发该事件；

● onScroll(IE4、IE5)：当用户上、下滚动页面时触发该事件。

4. 动作

动作是行为最终产生的动态效果。动态效果可能是图片的翻转、连接的改变、声音的播放等。用户可以为每个事件指定多个动作，动作按照它们在行为面板的动作列表中列出的顺序发生。

13.2   Dreamweaver CS3 中的行为

1. 认识"行为"面板

在 Dreamweaver CS3 中要打开"行为"面板，选择"窗口"→"行为"命令，或按快捷键 Shift+F4 即可。"行为"面板如图 13-1 所示，各选项的含义说明如下：

（1）⊟⊟显示设置事件：仅显示附加到当前文档的事件。事件被分别划归到客户端或服务器端类别中。每个类别的事件都包含在一个可折叠的列表中，可以单击类别名称旁边的加号/减号按钮展开或折叠该列表。默认情况下窗口中显示的是"显示设置事件"。

（2）显示所有事件：按字母降序显示给定类别的所有事件。不同的浏览器支持的行为事件是不一样的，如图 13-1 所示是 Internet Explorer 6.0 中显示的所有事件。

（3）添加行为：它是一个弹出菜单，其中包含可以附加到当前所选元素的动作。当从该列表中选择一个动作时，将出现一个对话框，可以在该对话框中指定该动作的参数。如果所有动作都灰显，则没有所选元素可以发生的事件。

（4）删除事件：从行为列表中删除所选的事件。

（5）增加事件值：给定事件的动作以特定的顺序执行。选中一个事件或动作可以更改执行的顺序。排列顺序上移。

（6）降低事件值：排列顺序下移。

2．Dreamweaver CS3 中的内置行为

查看 Dreamweaver CS3 中内置的行为，单击"行为"面板中的添加行为图标，弹出如图 13-2 所示的菜单，该菜单中列出的是该版本中所有内置的行为。

其中的"显示事件"设置显示哪个浏览器及版本下的所有事件，如图 13-3 所示。浏览器版本越高，"显示所有事件"中的事件会越多。

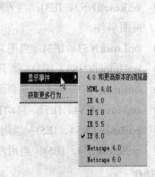

图 13-1　行为面板　　　　图 13-2　内置行为　　　　图 13-3　显示事件菜单

单击对话框中的"获取更多行为..."，则打开 Adobe 官方网站去下载，通过第三方扩展去实现更多的行为功能，详见第 16 章的内容。浏览或搜索扩展包并下载安装所需的扩展包，即可添加更多的行为功能。熟悉 JavaScript 的用户可以自己动手编写 JavaScript 代码，然后将其添加到"行为"中，扩展 Dreamweaver CS3 的功能。

13.3　添加行为

在网页中可以通过添加行为的方式增加页面的动态效果，下面分别对各 Dreamweaver CS3 中的内置行为功能进行介绍。

13.3.1 交换图像

在页面中插入一幅图像并选中图像，然后选择"行为"面板中的"交换图像"命令，打开如图 13-4 所示的对话框。各选项的含义如下：

（1）设定原始档为：通过"浏览"按钮添加当鼠标滑过时所显示的图像。

（2）预先载入图像：该复选项选中表示载入页时，将新图像载入到浏览器的缓存中。

（3）鼠标滑开时恢复图像：该复选项选中表示当鼠标移开时，恢复到原始图像，即执行了恢复交换图像功能。

相应的属性设置好之后，单击"确定"按钮关闭对话框窗口，此时"行为"面板如图 13-5 所示，单击左侧的事件列表选择合适的事件，或者调整默认的事件，保存后预览可以看到交换图像的效果。

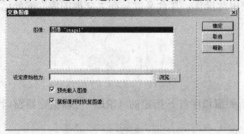

图 13-4　交换图像对话框

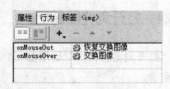

图 13-5　交换图像行为

"交换图像"动作通过更改 img 标签的 src 属性，将一个图像和另一个图像进行交换。使用此动作创建按钮鼠标经过图像和其他图像效果。而菜单插入功能中的"插入记录"→"图像对象"→"鼠标经过图像"会自动将一个"交换图像"行为添加到当前页面中。

恢复交换图像动作可以将最后设置的变换图像还原为原始图像。当为一对象附加交换图像动作时，该动作将自动添加。

13.3.2 弹出信息

"弹出信息"动作显示一个带有指定信息的 JavaScript 提示。因为 JavaScript 提示只有一个按钮（"确定"），所以使用此动作可以提供信息，而不能为用户提供选择。方法是在页面的空白处单击或者选择页面上的任一元素作为对象，然后单击"行为"面板中的添加行为图标 ➕，选择"弹出信息"，如图 13-6 所示。输入要在信息窗口中显示的内容，单击"确定"按钮关闭该窗口，最后调整事件即可完成。

实例 13-1：添加"弹出信息"窗口。用页面上的一个按钮作为行为事件中的对象，添加"弹出信息"窗口，弹出内容为"请注意，弹出信息，确定即可！"。

其具体操作步骤如下：

（1）打开一个页面，在页面上添加一个按钮"弹出信息"。

（2）单击"行为面板"中的添加行为图标 ➕，选择"弹出信息"。

（3）在弹出信息对话框中输入"请注意，弹出信息，确定即可！"，单击"确定"按钮关闭该窗口。

（4）在"行为面板"中修改"显示设置事件"为 onClick 事件。

（5）保存后预览，得到如图 13-7 所示的效果图。

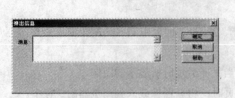

图 13-6　设置弹出信息对话框　　　　　图 13-7　弹出信息效果图

13.3.3　恢复图像交换

仅在使用了"交换图像"功能后，才能使用此操作。其含义就是在"交换图像"部分已经讲述的鼠标滑开时恢复图像，在此不再赘述。

13.3.4　打开浏览器窗口

使用"打开浏览器窗口"动作在一个在新的窗口中打开指定的 URL，可以指定新窗口的属性、特性和名称等。

选择内置行为中的"打开浏览器窗口"命令，打开如图 13-8 所示的对话框。各选项含义说明如下：

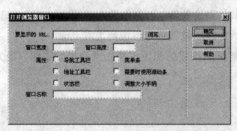

图 13-8　"打开浏览器窗口"对话框

（1）要显示的 URL：单击"浏览"按钮，选择一个要显示在新窗口中的文件。

（2）窗口宽度/窗口高度：设置打开的新窗口的宽度和高度（以像素为单位）。

（3）属性组：设置在新的窗口中是否显示导航工具栏、菜单条、地址工具栏、状态栏以及在新窗口中当内容超出新窗口的边界时，是使用滚动条还是通过手柄调整来调整窗口的大小。具体介绍如下：

● 导航工具栏：是一组浏览器按钮（包括"后退""前进""主页"和"重新载入"）。

● 地址工具栏：是一组浏览器设置选项（包括地址文本框）。

● 状态栏：是位于浏览器窗口底部的区域，设置后在该区域中显示页面的相关状态消息。

● 菜单栏：是浏览器窗口上显示菜单（例如"文件""编辑""查看""转到"和"帮助"）的区域。如果不设置此选项，则在新窗口中用户只能关闭或最小化窗口。

● 需要时显示滚动条：指定如果内容超出可视区域时设置显示滚动条。如果不选择此选项，则不显示滚动条。如果"调整大小手柄"选项也关闭，则访问者将看不到超出窗口原始大小以外的内容。

● 调整大小手柄：选择此项，则指定用户能够调整窗口的大小，·方法是拖动窗口的右下角或单击右上角的最大化按钮。如果未选中此选项，则调整大小控件不可用，右下角也不能拖动。

（4）窗口名称：给打开的窗口进行命名，此名称不能包含空格或特殊字符。

如果不指定该窗口的任何属性，在打开时它的大小和属性与依附它的窗口相同。指定窗口的任何属性都将自动关闭。

实例 13-2：添加"打开浏览器窗口"。以按钮作为一个对象，添加"打开浏览器窗口"行为功能，得到如图 13-9 所示的效果。

图 13-9　打开浏览器窗口实例图

其具体操作步骤如下：

（1）新建页面，在其中插入一个按钮"单击打开浏览器窗口"。

（2）选择该按钮对象，单击行为图标，在其下拉菜单中选择"打开浏览器窗口"，打开相应的对话框。

（3）在弹出的对话框中设置：要显示的 URL 为 table3.htm，窗口宽度为 300 像素，高度为 250 像素，在属性中选择"地址工具栏"及"需要时使用滚动条"，窗口名称为：显示表格。

（4）单击"确定"按钮，关闭对话框。

（5）检查所设置的事件是否为 onClick，若不是调整为 onClick。

（6）保存并预览，单击页面上的按钮"单击打开浏览器窗口"即可看到相应的效果。

13.3.5　拖动 AP 元素

AP 元素，即 Abstract Position 绝对定位元素，是 Dreamweaver CS3 中定义的一种容器，类似其他旧版本中层的功能。拖动 AP 元素动作允许访问者拖动 AP 元素，而且当拖动到指定的位置时，可以触发相应的动作执行。

页面中插入"AP 元素"以后才能执行拖动 AP 元素的操作，方法是在不选择 AP 元素的情况下，选择添加行为中的"拖动 AP 元素"命令，打开如图 13-10 所示的基本属性对话框，当选择"高级"选项卡时打开高级属性对话框，如图 13-11 所示。

图 13-10　拖动 AP 元素基本属性对话框

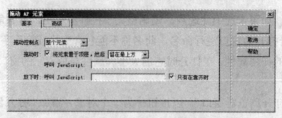

图 13-11　拖动 AP 元素高级属性对话框

基本属性面板中各选项的含义如下：

（1）AP 元素：当页面有若干个 AP 元素时，在下拉列表中选择要执行拖动的 AP 元素。

（2）移动：设置 AP 元素拖动的范围是否进行限制，选择限制时，在其右侧出现上、下、左、右 4 个文本框，确定限制的范围。

（3）放下目标：设置拖动的 AP 元素要放置的目标位置，可以在左，上文本框中输入值来确定目标，也可以单击"取得目前位置"按钮把当前位置作为放下的目标位置。

（4）靠齐距离：在文本框中输入一个数值，表示拖动 AP 元素时和目标位置的距离是该像素值时，认为接近放下目标，自动放置到放下目标的位置。

高级属性面板中各选项的含义如下：

（1）拖动控制点：设置是拖动整个 AP 元素，还是只拖动 AP 元素剪辑中的某个区域。

（2）拖动时：设置拖动时是否将 AP 元素移至最前，然后 AP 元素是否改变 Z 轴值，留在最上方还是恢复到原来的 Z 轴值。

（3）呼叫 JavaScript：设置拖动时，是否激活一个 JavaScript 操作。

（4）放下时：呼叫 JavaScript：设置当拖动后放下鼠标时，是否激活一个 JavaScript 操作。

实例 13-3：拖动一个 AP 元素到指定的目标位置。拖动一个 AP 元素 apDiv1，当拖动到指定位置（300，200）时，弹出一个消息窗口"拖动 AP 元素到目标位置了！"。

其具体制作的过程如下：

（1）选择"插入"→"布局对象"→"AP 元素"命令，在文档窗口中插入一个 AP 元素，AP 元素名称为 apDiv1，在 AP 元素中设置一个背景颜色（这样拖动 AP 元素可以看得清楚）。

（2）单击行为图标，在其下拉菜单中选择"拖动 AP 元素"，打开一个对话框。

（3）在"拖动 AP 元素"的基本属性框中设置如下：

● AP 元素中，选择要使其可拖动的 AP 元素，选"AP 元素 apDiv1"；

● 移动中选择"限制"或"不限制"，在此选择"不限制"；

● 放下目标中设置为：左 100，上 100；

● 靠齐距离设置为 50 像素接近放下目标。

（4）切换到高级属性对话框中设置如下：

● 拖动控制点，默认设置；

● 拖动时复选项按默认设置，选择将元素置于顶层，然后留在上方；

● 呼叫中不做设置；

● 放下时：呼叫 JavaScript 中设置 alert("拖动 AP 元素到目标位置了！")。

（5）单击"确定"按钮，关闭对话框。

（6）把相应的事件调整为 onLoad 事件。

（7）保存并预览，拖动对象到目标位置时弹出拖动 AP 元素实例效果图，如图 13-12 所示。

图 13-12　拖动 AP 元素实例效果图

13.3.6　改变属性

使用"改变属性"操作可以更改某些对象的某个属性或多个属性的值。此功能通常只有在比较熟悉 HTML 和 JavaScript 的情况下才使用。

使用"改变属性"操作，首先要选择一个对象，例如，选择页面上的某个图像，然后在添加行为中选择"改变属性"，打开如图 13-13 所示的对话框。

首先从"对象类型"列表中选择要更改其属性的对象的类型，此时在"命名对象"列表列出所有所选类型的命名对象；选择一个对象后，从"属性"列表框中选择一个属性，或在输入文本框中输入该属性的名称；在"新的值"文本框中输入要设置的新值。单击"确定"按钮关闭对话框，然后在行为面板中把动作改为 onClick，如图 13-14 所示，完成后即可浏览效果。

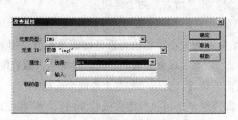

图 13-13　"改变属性"对话框

图 13-14　"事件调整"对话框

13.3.7　效果

Dreamweaver CS3 中行为面板的效果，即是 Spry 的视觉效果，可以将它们应用于使用 JavaScript 的 HTML 页面上几乎所有的元素。效果通常用于在一段时间内高亮显示信息、创建动画过渡或者以可视方式修改页面元素等。

效果的功能都是基于 Spry 的，因此，当用户单击应用了效果的对象时，只有该对象会进行动态更新，不会刷新整个 HTML 页面。Spry 包括的效果及功能如表 13-1 所示。

1．增大/收缩效果

该效果的功能是使选定的对象进行增大或收缩到选定的位置，适用于部分页面元素，如 img，Ap div，form，p，ol，ul，applet，center 等。添加的方法是：选择要应用效果的内容或布局对象，在"行为"面板中，单击添加行为按钮，并从弹出菜单中选择"效果"→"增大/收缩"命令，此时打开如图 13-15 所示的对话框，其选项的含义说明如下：

表 13-1　Spry 包括的功能及效果

功　能	效　果
增大/收缩	使元素变大或变小
挤压	使元素从页面的左上角消失
显示/渐隐	使元素显示或渐隐
晃动	模拟从左向右晃动元素效果
滑动	包括上滑/下滑，上下移动元素
遮帘	模拟百叶窗，向上或向下滚动百叶窗来隐藏或显示元素
高亮颜色	动态更改元素的背景颜色

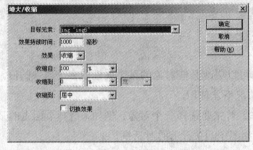

图 13-15　增大/收缩效果设置对话框

（1）目标元素：从弹出菜单中选择某个对象的 ID 或名称，如果已经选择了一个对象，可以选择"<当前选定内容>"选项。

（2）效果持续时间：定义出现此效果所需的时间，用毫秒表示。

（3）效果：选择要应用的效果，有"收缩"和"增大"两个选项。

（4）收缩自/增大自：定义对象在效果开始时的大小，该值为百分比或像素值。

（5）收缩到/增大到：定义对象在效果结束时的大小，该值为百分比或像素值。如果"增大自/收缩自"或"增大到/收缩到"框选择像素值，"宽/高"域就会可见，可以设置增大或收缩的值。

（6）收缩到：选择元素增大或收缩到页面的位置，有居中和左上角两个选项。

（7）切换效果：可以设置效果的可逆，即连续单击可执行增大或收缩的反动作收缩或增大。

2．挤压

挤压效果也适用于上述对象，添加的方法是：选择要应用效果的内容或布局对象，在"行为"面板中，单击添加行为按钮，并从弹出菜单中选择"效果"→"挤压"命令，此时打开如图 13-16 所示的对话框，其中的目标元素为选择某个对象的 ID 或名称。如果已经选择了一个对象，可以选择"当前选定内容"。

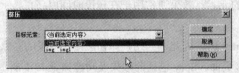

图 13-16　挤压效果设置对话框

3．显示/渐隐

该效果的功能是使选择的对象执行指定的动作后显示或渐隐，适用于除 applet，body，iframe，

object，tr，tbody 或 th 以外的所有 HTML 对象。添加的方法是选择要应用效果的内容或布局对象，在"行为"面板中，单击添加行为按钮，并从菜单中选择"效果"→"显示/渐隐"命令，此时打开如图 13-17 所示的对话框，其选项的含义说明如下：

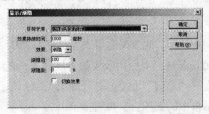

图 13-17　显示/渐隐效果设置对话框

（1）目标元素：在下拉菜单中选择某个对象的 ID 或名称，如果已经选择了一个对象，可以选择"<当前选定内容>"。

（2）效果持续时间：定义此效果持续的时间，单位是毫秒。

（3）效果：选择要应用的效果，即"渐隐"或"显示"。

（4）渐隐自：定义显示此效果所需的不透明度百分比。

（5）渐隐到：定义要渐隐到的不透明度百分比。

（6）切换效果：选择此项，设置该效果的可逆执行。

4．晃动

该效果使选定的对象执行指定的动作时晃动，适用于大部分 HTML 对象，如 div，dl，dt，fieldset，form，h1-h6，iframe，img，object，p，ol，ul，li，applet，dir，hr，table 等。添加的方法是选择要应用效果的内容或对象，在"行为"面板中，单击"添加"按钮，并从菜单中选择"效果"→"晃动"命令，打开晃动效果属性设置框。从"目标元素"菜单中选择某个对象的 ID 或名称，如果已经选择了一个页面上的对象，可以直接选择"<当前选定内容>"。

5．滑动

此效果仅适用于 div，form 或 center 等对象，所以除表单之外，当其他 html 对象周围有一个<div>标签或<center>标签（即设置内容对齐等属性）时，都可以设置滑动效果。添加的方法是选择要应用效果的上述对象，在"行为"面板中，单击"添加"按钮，并从菜单中选择"效果"→"滑动"，此时打开滑动效果对话框，设置完毕，单击"确定"按钮即可。

图 13-18　滑动效果设置对话框

滑动效果对话框中的选项介绍如下：

（1）目标元素：在下拉菜单中选择某个对象的 ID 或名称，如果已经选择了一个对象，可以选择"<当前选定内容>"。

（2）效果持续时间：定义此效果持续的时间，单位毫秒。

（3）效果：选择要应用的效果，有"上滑"或"下滑"两种效果。

（4）上滑自/下滑自：以百分比或像素值形式定义起始滑动点。

（5）上滑到/下滑到：以百分比或像素值形式定义结束滑动点。

（6）切换效果：选择此项，设置该效果的可逆操作。

6．遮帘

遮帘效果包括向上遮帘和向下遮帘，此效果适用于大部分 HTML 对象，如 div，form，h1-h6，p，ol，ul，li，applet，center 等。方法是选择要应用效果的上述对象，在"行为"面板中，单击"添加"按钮，并从菜单中选择"效果"→"遮帘"命令，打开如图 13-19 所示的对话框，设置相应的参数，单击"确定"按钮即可。该对话框中的选项含义说明如下：

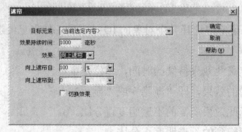

图 13-19　遮帘效果设置对话框

（1）目标元素：选择对象的 ID 或名称，如果已选择了一个对象，可以直接选择"<当前选定内容>"。

（2）效果持续时间：定义此效果持续的时间，单位是毫秒。

（3）效果：选择要应用的效果，有"向上遮帘"和"向下遮帘"两个值。

（4）向上遮帘自/向下遮帘自：以百分比或像素值形式定义遮帘的起始滚动点。

（5）向上遮帘到/向下遮帘到：以百分比或像素值形式定义遮帘的结束滚动点。

（6）切换效果：选择此项，可设置该效果的可逆执行。

7．高亮颜色

该效果的功能是所选元素的动态背景颜色设置，适用于 applet，body，frame，frameset 或 noframes 以外的所有 HTML 对象。添加的方法是选择要应用效果的对象，在"行为"面板中单击"添加"按钮，并从菜单中选择"效果"→"高亮颜色"命令，打开如图 13-20 所示的对话框，设置相应的参数，单击"确定"按钮即可。该对话框中的选项含义说明如下：

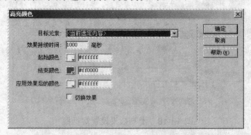

图 13-20　高亮颜色效果设置对话框

（1）目标元素：选择某个对象的 ID 或名称，如果已经选择了一个对象，请选择"<当前选定内容>"。

（2）效果持续时间：定义此效果持续的时间，单位是毫秒。

（3）起始颜色：选择以何种颜色开始高亮显示。

（4）结束颜色：选择以何种颜色结束高亮显示。

（5）应用效果后的颜色：选择该对象在完成高亮显示之后的颜色。

（6）切换效果：选择此选项，设置该效果是可逆执行的，即通过连续单击来循环使用高亮颜色。

13.3.8　时间轴

详细内容参考 13.4 节的内容。

在页面中添加了时间轴动画后，选择"自动播放"选项，在行为中就加载了"播放时间轴"操作。选择"循环"选项，在行为中加载了"转到时间轴"操作。在此基础上还可以使用行为中的"时间轴"更改动画的执行。例如，当鼠标经过时，动画停止执行，鼠标移开时继续执行。具体方法如下：

选择"内置行为"中的"时间轴"→"停止时间轴"命令，弹出如图 13-21 所示的对话框，选择一个时间轴，单击"确定"按钮，然后把事件调整为 onMouseOver，用类似的方法再添加当事件为 onMouseOut 时"播放时间轴"。在浏览器中预览执行相应动作，观察设置的效果。

图 13-21　停止时间轴设置对话框

13.3.9　显示－隐藏元素

"显示－隐藏元素"动作用于设置页面上元素的显示和隐藏，此动作用于在用户与页面进行交互时显示信息。添加的方法是选择一个对象，然后从"行为"面板中单击"添加"按钮，并从"动作"弹出菜单中选择"显示－隐藏元素"命令，此时打开如图 13-22 所示的对话框。选择某一元素，则可以显示或隐藏元素信息。其中，单击"显示"按钮表示显示该元素；单击"隐藏"按钮隐藏该元素；单击"默认"按钮恢复元素的默认可见性。

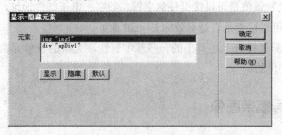

图 13-22　显示-隐藏元素对话框

13.3.10　检查插件

当在页面中插入了媒体信息，如 Flash、声音和视频等时，为了在设计过程中通过属性中的播放功能进行播放，需要检查机器中是否安装了相应的插件。

选择行为面板中的"检查插件"功能，打开如图 13-23 所示的对话框。各选项的含义说明如下：

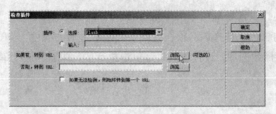

图 13-23　"检查插件"对话框

（1）插件：通过"选择"下拉列表选择要检查的插件，也可以通过"输入"文本框直接输入要检查的插件名称。

（2）"如果有，转到 URL"和"否则，转到 URL"文本框：分别链接一个文件，如果检查到该插件，则页面转到"如果有，转到 URL"文本框中，否则转到下一个文本框设置的文件中。

（3）选择"如果无法检测，则始终转到第一个 URL"，即如果无法检测是否有相应插件时，页面保持不变化。

13.3.11　检查表单

"检查表单"动作用于检查当页面上有表单时，表单中的文本框和文本区域中的内容是否满足相应的要求。选择该操作后，打开的对话框如图 13-24 所示，各选项的含义如下：

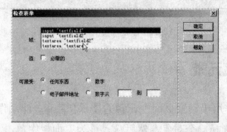

图 13-24　"检查表单"对话框

（1）域：列出页面中所有出现的文本框和文本区域，以便选择进行检查。

（2）值：设置选项的值是不是必需的。

（3）可接受的：设置该值是可以接受任何字符、数字、电子邮件地址，还是指定范围的数字。如果是电子邮件地址，可以检查是否是有效的 E-mail 地址。

"检查表单"功能只能检查上述列出的一些基本属性，大量的表单元素的属性检查是直接通过 JavaScript 脚本语言来实现的。

13.3.12　设置导航条图像

行为面板中的"设置导航条图像"动作是对页面中已插入的导航条进行修改操作，或者在页面中插入一幅图像以后，把此图像作为初始状态图像，创建导航条。设置过程和第 4 章中的插入导航条类似，不再赘述。

13.3.13　设置文本

在 Dreamweaver CS3 中设置文本包括设置容器的文本、设置文本域文字、设置框架文本和设置状态栏文本。

（1）设置容器的文本。"设置容器的文本"用指定的内容替换页面上现有容器中的内容。该内容可以包括任何有效的 HTML 源代码。通过"设置容器的文本"对话框中的"新建 HTML"命令，可对内容进行格式设置。页面上的表格、表单、布局表格、AP 元素等都可以作为容器，进行该项设置。选择该功能，打开的窗口如图 13-25 所示。

（2）设置文本域文字。"设置文本域文字"动作用指定的内容替换表单文本域的内容。设置时，首先要在页面上插入一个表单，在表单中插入文本域对象，在文本域中键入需要的内容。方法是选择文本域并单击"添加"行为图标，从弹出菜单中选择"设置文本"→"设置文本域文字"命令，打开如图 13-26 所示的对话框。在"新建文本"文本框中输入在该表单中要显示的内容，单击"确定"按钮后，在行为面板中把动作调整为 onMouseOver，浏览当鼠标经过该表单时观察到的效果。

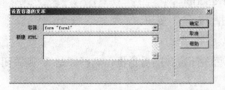

图 13-25　"设置容器的文本"对话框　　　　图 13-26　"设置文本域文字"对话框

（3）设置框架文本。当页面中插入了框架时，才能使用"设置框架文本"对话框。设置过程和"设置容器文本"类似，在此不再赘述。打开的对话框如图 13-27 所示。

（4）设置状态栏文本。"设置状态栏文本"动作在浏览器的状态栏左侧显示设置的消息。选择一个对象或者以某一个页面作为对象，选择"设置文本"→"设置状态栏文本"命令，打开如图 13-28 所示的对话框。在"消息"文本框中输入要显示的信息，单击"确定"按钮关闭对话框后，预览即可在状态栏中看到设置的效果。用这种方法设置的状态栏信息是静态的，如果需要制作动态显示的效果时，需要用 JavaScript 代码来实现。

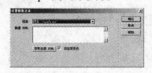

图 13-27　"设置框架文本"对话框　　　　图 13-28　"设置状态栏文本"对话框

实例 13-4：给页面设置状态栏效果，浏览页面时在状态栏显示："您好，欢迎光临！"。

其具体操作步骤如下：

（1）任意打开一个页面文件，单击"添加"行为图标，选择"设置文本"→"设置状态栏文本"，打开设置状态栏文本的对话框。

（2）在该对话框中的"消息"文本框中输入"您好，欢迎光临！"，单击"确定"按钮关闭该对话框。

（3）在设置事件中将事件调整为 onLoad，并保存。

（4）预览即可观察到效果，如图 13-29 所示。

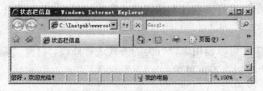

图 13-29　状态栏显示信息示例

13.3.14　调用 JavaScript

"调用 JavaScript" 动作用于设置行为中指定当发生某个事件时应该执行的自定义函数或 JavaScript 代码行。要使用此操作，必须了解一些 JavaScript 功能和函数等。下面以单击页面上的一个按钮来关闭窗口为例，来讲述 "调用 JavaScript" 的方法。

实例 13-5　单击页面上的 "关闭窗口" 按钮，关闭该页面。使用行为中的 "调用 JavaScript" 来实现。

其具体操作步骤如下：

（1）在页面中插入一个按钮 "关闭窗口"。

（2）选择该按钮，打开行为面板中的 "调用 JavaScript"。

（3）在对话框中输入："window.close();"，单击 "确定" 按钮。

（4）调整行为中的事件为 onClick。

（5）保存浏览，此时单击该按钮，弹出询问是否关闭窗口的对话框，选择 "是"，则关闭窗口，效果如图 13-30 所示。

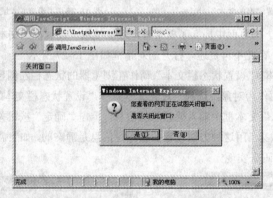

图 13-30　关闭浏览器窗口示例

说明：当添加 opener=null 时，可自动关闭窗口而不需要提示。

13.3.15　跳转菜单及跳转菜单开始

跳转菜单是文档内的弹出菜单，对站点访问者可见，并列出链接到文档或文件的选项。可以创建到整个 Web 站点内文档的链接、到其他 Web 站点上文档的链接、电子邮件链接，也可以创建到可在浏览器中打开的任何文件类型的链接。

本章中的 "跳转菜单" 就是第 10 章中所讲的跳转菜单，"跳转菜单开始" 就是当 "跳转菜单" 添加上 "前往" 按钮的功能。在行为中产生的事件分别是：选择 "跳转菜单" 时，发生的是 onChange 事件，功能是直接跳转菜单；选择 "前往" 按钮时，发生的是 onClick 事件，执行的是跳转菜单开始功能。

对于创建好的跳转菜单，可以使用编辑行为的方式进行修改。打开 "编辑行为" 对话框后，其中的操作过程和第 10 章中的类似，不再赘述。

13.3.16 转到 URL

"转到 URL" 动作在当前窗口或指定的框架中打开一个新页面, "转到 URL" 对话框如图 13-31 所示。

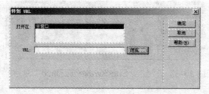

图 13-31 "转到 URL" 对话框

13.3.17 预先载入图像

"预先载入图像"功能是将不会立即出现在网页上的图像载入到浏览器缓存中, 当图像应该出现时, 能够提高页面打开的速度。

从内置行为中选择"预先载入图像", 打开如图 13-32 所示的对话框。单击"浏览"按钮选择要预先载入的图像文件, 或在"图像源文件"文本框中输入图像的路径和文件名。

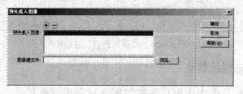

图 13-32 "预先载入图像"对话框

单击对话框顶部的 **+** 按钮将添加图像到"预先载入图像"列表中。

若要从"预先载入图像"列表中删除某个图像, 请在列表中选择该图像, 然后单击 **-** 按钮。

在"交换图像"操作中默认自动预先载入图像, 因此当使用"交换图像"时不再需要手动添加预先载入图像。

13.3.18 其他行为

为了和 Adobe 公司的其他产品相协调, 在 Dreamweaver CS3 中, 对原 Macromedia 版本中的常用行为建议不再使用, 但是此新版本之前, 这些行为受到用户青睐, 所以也做一介绍, 以便用户参考。

1. 控制 Shockwave 或 Flash

使用 Control Shockwave or Flash (控制 Shockwave 或 Flash 电影) 动作可以播放、停止、回放或转到 Shockwave 或 Flash 电影中的某一帧。

页面中插入了 Shockwave 或 Flash 文件后, 对该文件命名, 例如 flash1, 选择内置行为中的"控制 Shockwave 或 Flash", 打开如图 13-33 所示的对话框。其选项的含义说明如下:

(1) 影片: 选择要播放的文件。

(2) 播放 (PLAY): 选择该项当鼠标移动到链接上时播放动画。

(3) 停止 (STOP) 选择该项当鼠标移动到链接上时停止动画的播放。

(4) 后退 (BACK) 选择该项当鼠标移动到链接上时动画返回到最前端。

（5）前往帧 (GO TO FRAME) 选择该项当鼠标移动到链接上时动画跳转到指定位置，并停留在该位置上。

选择需要的操作后，单击"确定"按钮，然后在显示的设置事件中对事件进行调整，预览即可。

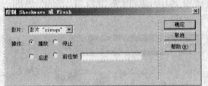

图 13-33   "控制 Shockwave 或 Flash"对话框

2．播放声音

在网页中可以通过添加"播放声音"的行为来实现播放声音文件的操作。可以设置当网页被完全载入后播放一段音乐，或设置当鼠标指针移动到某个对象上时播放声音，也可以通过单击某一对象来播放一段声音文件等。

选择内置行为中的"播放声音"，可以打开如图 13-34 所示的对话框。在该对话框中，单击"浏览"按钮，选择要播放的声音文件，单击"确定"按钮即可。

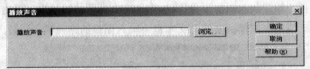

图 13-34   "播放声音"对话框

3．显示弹出菜单和隐藏弹出菜单

弹出菜单通常是在 Web 页面中由鼠标来触发的一种菜单导航效果，当鼠标移动到导航对象上，就会显示弹出菜单，当鼠标从导航对象上移开，弹出菜单自动消失。

要查看页面上的弹出菜单，必须在浏览器窗口中打开该文档，然后将鼠标指针滑过触发图像或链接时才可以看到，而移开时则查看到弹出菜单被隐藏了。

选择图像或者添加超链接的文本对象，打开"行为"面板，从"动作"中选择"显示弹出式菜单"，打开"显示弹出式菜单"对话框，该对话框中有 4 个设置弹出式菜单的面板，分别介绍如下：

（1）内容：设置各菜单项的名称、结构、URL 和目标等，如图 13-35 所示。

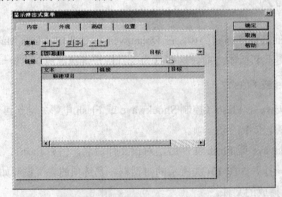

图 13-35   "显示弹出式菜单"对话框

● 菜单组：┿━：用于设置添加菜单项和移除菜单项。

● 　　　：用于设置左缩进项和缩进项，即显示出递进关系。

- ▲▼：上移项和下移项，用于改变菜单项目的排列顺序。
- 文件：输入菜单项目的名称。
- 链接：设置该菜单项目的链接，可通过浏览文件方式设置，也可以直接输入链接文件地址。
- 目标：链接的打开方式。
- 文本框：列出所有设置的菜单项目的信息以及排列关系等。

（2）外观：设置菜单项目中文本的字体样式以及菜单项目"一般状态"和"滑过状态"的外观效果等，如图 13-36 所示。

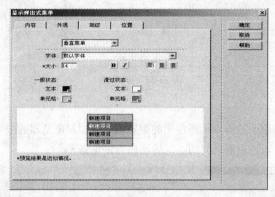

图 13-36　外观面板

- 下拉列表：用于选择弹出式菜单的外观，可以是垂直菜单，也可以是水平菜单。
- 字体：设置菜单项目中文本的字体。
- 大小：设置字体的大小。
- **B** *I*：设置样式，加粗显示和斜体显示。
- ≣ ≣ ≣：菜单项目中文本的对齐方式。
- 一般状态：设置文本和单元格在初始状态的颜色。
- 滑过状态：设置当鼠标滑过时文本和单元格的颜色。

（3）高级：设置菜单单元格的属性。设置单元格的宽度和高度、边框和间距，单元格颜色和边框宽度、文本缩进以及在用户将鼠标指针移到触发器上后菜单出现之前的延迟时间长度等，如图 13-37 所示。

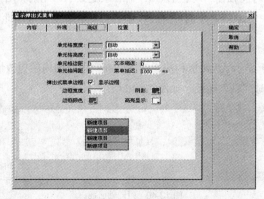

图 13-37　高级面板

（4）位置：设置菜单相对于触发图像或链接的放置位置，如图 13-38 所示。

菜单出现的位置可以选择，也可以在 X 和 Y 中输入相应的坐标值来确定菜单的位置。当选择"在发生 onMouseOut 事件时隐藏菜单"此选项时，即自动完成隐藏弹出式菜单的操作。

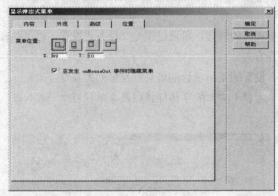

图 13-38　位置面板

4．检查浏览器

"检查浏览器"动作用于检查本机所使用的浏览器的类型和浏览器的版本，选择此操作，打开的对话框如图 13-39 所示，通过页面之间的不同转换检查浏览器。

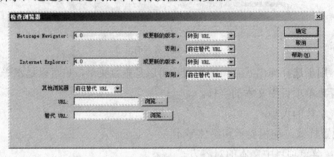

图 13-39　"检查浏览器"对话框

13.4　时间轴动画

在 Dreamweaver 中，时间轴使用动态 HTML 语言来更改 AP 元素和图像的属性。使用时间轴可以直接创建动画、更改 AP 元素等对象的位置、大小、可见性和层叠等属性。

1．"时间轴"面板

"时间轴"面板可用于显示 AP 元素和图像的属性在一段时间内的更改情况。选择"窗口"→"时间轴"命令，可以打开"时间轴"面板，如图 13-40 所示。

图 13-40　时间轴面板

"时间轴"面板中各功能说明如下：

（1）时间轴：在时间轴下拉菜单中选择当前使用哪个时间轴。默认文档中的第一个时间轴名称为 TimeLine1，第二个为 TimeLine2，依此类推。

（2）▐◀后退至起点按钮，将播放栏移至时间轴中的第一帧。

（3）◀后退按钮：将播放栏向左移动一帧。单击"后退"按钮并按住鼠标不放可向后播放时间轴。

（4）▶播放按钮：将播放栏向右移动一帧。单击"播放"按钮并按住鼠标不放可向前播放时间轴。

（5）帧编号：指示帧的序号。

（6）行为通道：设置在时间轴中特定帧处执行的行为通道。

（7）动画通道：显示用于制作 AP 元素和图像动画的管道。

（8）自动播放：选择该复选项，使时间轴的效果在浏览器中加载时自动开始播放。

（9）循环：选择该复选项，使时间轴中的动画效果在浏览器中反复播放。

2．创建时间轴动画

只能将图像和 AP 元素添加到时间轴上，对于图像只能更改图像的 SRC 属性，要使图像的位置产生动态效果，将图像放在 AP 元素中，并将该容器添加到时间轴上。因为时间轴只能移动 AP 元素达到动画目的，所以若要使文本或其他对象移动，应将文本或这些对象添加到 AP 元素中。

要创建时间轴动画，首先应该将 AP 元素放置在页面动画开始处，然后应用下列任意一种方法均可以实现动画操作。

（1）直线移动法。

● 选择该 AP 元素，直接拖动到"时间轴"面板中或再选取菜单"修改"→"时间轴"→"添加对象到时间轴"命令，都可打开一个对话框说明时间轴检查器的基本功能。单击"确定"按钮，一个时间条就出现在时间轴的第一个通道中，并且层的名称将显示在该时间条中。

● 拖动最末端的帧标记，在通道中将时间条移至动画结束的位置。

● 在设计视图把 Ap 元素拖动到动画结束的位置。

● 选择时间轴面板中的"自动播放"功能。

● 保存并预览，即可看到动画效果。

（2）指定路径移动法。

● 单击该动画条中的一个帧，选择"修改"→"时间轴"→"增加关键帧"命令或者右键单击，从弹出式菜单中选择"增加关键帧"命令。

● 在设计视图中可以看到层处于直线的一个位置，拖动该层，重复执行该操作，则得到了一条轨迹线，如图 13-41 所示。

● 选择时间轴面板中的"自动播放"，保存并预览，即可看到动画效果。

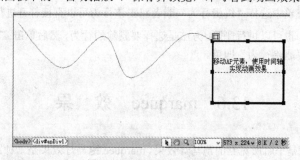

图 13-41 AP 元素指定的路径

（3）复杂路径法。如果要设计更复杂的动画轨迹，可以通过"记录 AP 元素路径"功能实现，步骤如下：

● 将 AP 元素放置在"时间轴"面板中，然后选定该 AP 元素，再选取菜单"修改"→"时间轴"→"记录 AP 元素路"或者右键单击，从弹出式菜单中选择"记录 AP 元素"命令。

● 在设计视图中任意拖动层，可以看到创建的轨迹线，如图 13-42 所示，一直到动画要停止的位置即可。

● 保存文件并预览效果。

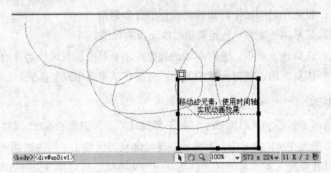

图 13-42　AP 元素任意设置路径

3．编辑时间轴动画

对于已经设置的时间轴操作，还可以进行一些编辑操作，如添加帧、删除帧，更改动画开始的时间，自动播放，循环播放等。

动画的时间长短是由帧的个数决定的，要使动画的播放时间更长，可以将末端帧向右拖动，此时动画条中的所有关键帧都会移动。若要保持关键帧的位置不变，在拖动末端帧时按住 Ctrl 键即可。

在动画条中可以将关键帧向左或向右移动，使用向左和向右按钮即可。动画开始的时间可以进行改变，选择一个动画条，然后直接向左拖动延迟动画时间或者向右移动提前动画时间。

可以在动画条上增加或者删除帧，方法是选择"修改"→"时间轴"→"添加帧"或"删除帧"命令，也可以右键单击，从弹出式菜单中选择"添加帧"或"删除帧""命令。在开始制作动画时没有选择"自动播放"和"循环"时，可以直接选择这些选项。

13.5　编辑行为和删除行为

页面上的行为添加后，如果需要进行修改，使用编辑行为即可。方法是选择要编辑的行为，然后单击右键，从弹出的菜单中选择"编辑行为"或者双击该行为可以直接打开进行编辑。

对于不需要的行为也可以进行删除，方法是选择要删除的行为，然后单击 ▬ 按钮或者单击右键，从弹出的菜单中选择"删除行为"即可。

13.6　marquee 效 果

marquee 效果也就是平时所见到的跑马灯效果。marquee 跑马灯效果是一种比较简单的动态效果，只能按照设定的方向、速度等滚动。对于页面上的元素，可以通过该标签设置 marquee 效果。

插入 marquee 标签的方法是选定某个对象，选择"插入记录"→"标签"→"HTML 标签"命令，该窗口如图 13-43 所示，在右侧下拉列表中找到 marquee 标签，单击"插入"按钮并关闭该窗口，保存并预览即可观察到该对象以默认的速度及默认的方向滚动。通过添加和修改 marquee 的属性可以改变滚动的效果。

图 13-43　"标签选择器"对话框

marquee 标签配合使用的属性和事件，主要列举如下：

（1）loop：设定滚动次数，−1 为无限次。

（2）direction：设定滚动方向，有 4 个值 left，right，up 和 down，分别是向左、右、上和下滚动。

（3）width, height：设定对象滚动区域的宽度和高度。

（4）bgcolor：设定滚动区域的背景颜色。

（5）behavior：设定滚动方式，分别为 scroll，slide 和 alternate。

（6）scroll：按指定方向滚动到尽头，再重新开始，即内容向同一个方向滚动。

（7）slide：不指定滚动次数时，滚动一次后停止，即内容接触到字幕边框就停止滚动。

（8）alternate：按指定方向来回滚动，即内容在相反两个方向滚来滚去。

（9）scrolldelay：设置字幕内容滚动时停顿的时间，值越小滚动越流畅。

（10）scrollamount：指定滚动的速度，数值越大速度越快。

（11）onmouseover：该事件设置鼠标移动到滚动区域时的动作，常设置为停止滚动，值为 stop( ) 或 this.stop( )。

（12）onmouseout：该事件设置鼠标离开滚动内容时的动作，常设置为开始滚动，值为 start( ) 或 this.start( )。

实例 13-6：marquee 效果的使用。在页面上输入文本"欢迎光临我的站点"，使用 marquee 完成文本滚动的效果。

其操作步骤如下：

（1）选择此文本，选择"插入记录"→"标签"→"HTML 标签"命令。

（2）在右侧选择 marquee 标签，单击"插入"按钮，然后关闭该对话框窗口。

（3）保存后在浏览器中预览效果，可以看到这段文本从右侧向左以一定速度滚动，滚动到尽头时，又重新开始滚动。

　　另外，通过 marquee 相应的属性可以改变显示的效果。方法是在代码视图中 marquee 标签的开始标记中，按空格键，弹出一个下拉列表，如图 13-44（a）所示，选择要设置的属性，如选择 behavior 属性，双击后，得到如图 13-44（b）所示的效果。选择属性值，预览即可得到相应的效果，其他属性的设置方法类似。

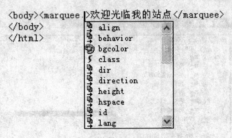

（a）marquee 标签属性

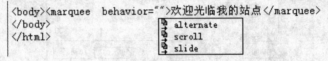

（b）behavior 属性值

图 13-44　设置属性

第14章 模板和库

【内容】

在制作网站的过程中，为了统一风格，页面会用到相同的布局、图片和文本元素等。为了避免大量的重复劳动，可以使用 Dreamweaver CS3 提供的模板和库功能，将具有相同版面结构的页面制作为模板，将相同的元素制作为库项目，并分别存放在模板和库中以便随时调用。本章即是介绍如何制作并使用模板和库。

【实例】

实例 14-1：创建我的个人站点模板。

实例 14-2：创建并使用库项目。

【目的】

通过本章的学习，使读者了解模板和库项目的创建及使用方法，并能熟练使用模板和库项目创建站点。

14.1 "资源"面板介绍

选择"窗口"→"资源"菜单，打开"资源"面板，如图 14-1 所示。在"资源"面板中可以显示当前站点中的资源和收藏的资源，包括站点包含的图像，所使用的颜色、链接、Flash 动画、Shockwave、影片、脚本、模板和库文件等。"资源"面板中各项含义说明如下：

（1）图像按钮 ▣：显示当前站点中包含的所有图像。

（2）颜色按钮 ▦：显示当前站点中使用过的所有颜色。

（3）URLs 按钮 ◈：显示当前站点中设置的使用链接。

（4）Flash 按钮 ◉：显示当前站点中应用的 Flash 动画。

（5）Shockwave 按钮 ▥：显示当前站点中应用的 Shockwave。

（6）影片按钮 ▣：显示当前站点中应用的影片。

（7）脚本按钮 ◈：显示当前站点中应用行为后得到的脚本文件。

（8）模板按钮 ▣：显示当前站点中创建的模板。

（9）库按钮 ▥：显示当前站点中创建的库项目。

图 14-1 资源面板

14.2 创建模板

常用创建模板的方法有三种，直接创建模板、将普通网页另存为模板和通过新建菜单创建空白模板。

模板文件实际上也是 html 文档，只不过在模板文档中增加了"模板"标记。在 Dreamweaver CS3

中，模板的扩展名为.dwt，并存放在本地站点的 Templates 文件夹中。下面依次介绍这几种模板的创建方法。

1．直接创建模板

在资源面板中单击▦图标，切换到模板子面板，如图 14-2 所示。选择下列任意一种方法可以直接创建模板文件。

（1）单击模板面板右上方的"扩展"按钮▤，从弹出式菜单中选择"新建模板"。

（2）单击资源面板右下角的❶图标，可以新建一个模板。

（3）单击"插入记录"→"模板对象"→"创建模板"或者单击"常用工具栏"中的模板图标，在弹出菜单中选择"创建模板"，结果如图 14-3 所示。

新建的模板是一个未命名的模板文件，给模板重命名，如图 14-4 所示。然后单击"编辑"按钮，打开模板进行编辑。编辑完成后，保存模板，完成模板的创建。

图 14-2　模板子面板　　　　图 14-3　创建模板子菜单　　　　图 14-4　创建模板

2．将普通网页另存为模板

打开一个已经制作好的网页，删除模板中不需要的部分，保留多个网页共同需要的信息，然后选择"文件"→"另存为模板"命令，弹出如图 14-5 所示的"另存模板"对话框，将网页另存为模板。其中"站点"下拉列表框用来设置模板保存的站点，可选择一个需要应用该模板的站点；"现存的模板"列表中罗列了当前站点的所有模板；"描述"文本框可以对该模板进行说明或注释；"另存为"文本框用来设置新创建的模板的名称。

图 14-5　"另存模板"对话框

当单击"保存"按钮保存模板后，系统将自动在根目录下创建 Templates 文件夹，并将创建的模板文件保存在该文件夹中。

另外在保存模板时，如果模板中没有定义任何可编辑区域，系统将显示警告信息。可以先单击"确定"按钮，以后在编辑时定义可编辑区域。

3．从文件菜单新建模板

选择"文件"→"新建"命令，打开"新建文档"对话框，如图 14-6 所示。在类别中选择"空模板"，在模板类型中选择 HTML 模板，在布局中可以选择一种布局，右侧给出了相应的预览效果，还可以直接附加 CSS 样式文件到模板中，设置完毕单击"创建"按钮完成模板的新建。

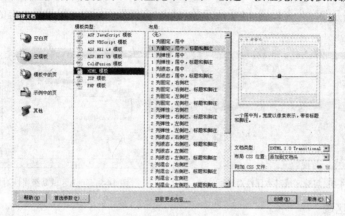

图 14-6　新建文档方式创建模板

14.3　设置模板区域

模板创建完成后，为了使用该模板制作出需要的页面，还需要在模板中建立相应的区域，即模板区域。模板区域包括模板的可编辑区域、可选区域、重复区域、可编辑的可选区域和重复表格等，下面分别进行介绍。

1．设置可编辑区域

模板中的可编辑区域就是对该区域的内容可以进行修改编辑操作，可以将网页上任意选中的区域设置为可编辑区域。在文档窗口中，选中需要设置为可编辑区域的部分，单击常用工具栏的"模板"按钮，在弹出菜单中选择"可编辑区域"，也可以选择菜单"插入记录"→"模板对象"→"可编辑区域"，打开如图 14-7 所示的对话框。

图 14-7　"新建可编辑区域"对话框

在对话框中给该区域命名，单击"确定"按钮后，新添加的可编辑区域有蓝色标签，标签上是可编辑区域的名称。如果希望删除可编辑区域，可以将光标置于要删除的可编辑区域内，选择"修改"→"模板"→"删除模板标记"命令，光标所在区域的可编辑区域即被删除。

2．设置可选区域

在模板中除了可以添加最常用的"可编辑区域"外，还可以插入一些其他类型的区域，下面讲述设置可选区域的方法。

可选区域是模板中的区域，用户可将其设置为在基于模板的文件中显示或隐藏。当要为文件中显示的内容设置条件时，即可使用可选区域。

与设置"可编辑区域"方法相类似，可以选择"可选区域"。不同之处是在打开的"可选区域"对话框中设置的属性是不同的。如图 14-8 所示，在属性的"基本"面板中可以设置指定的区域在默认情况下是显示还是隐藏，在如图 14-9 所示的属性"高级"面板中可以设置一定的条件来限制其隐藏或可见。

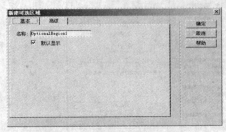

图 14-8   可选区域基本属性对话框

图 14-9   可选区域高级属性对话框

3．设置重复区域

重复区域是可以根据需要在基于模板的页面中赋值任意次数的模板部分。重复区域通常用于表格，也可以为其他页面元素定义重复区域。

选择某一个区域，然后用同"设置可编辑区域"类似的方法设置重复区域。打开的对话框如图 14-10 所示，给该区域命名即可。

4．设置可重复的可编辑区域

可重复的可编辑区域是可选区域的一种，可以设置显示或隐藏所选区域，并且可以编辑该区域中的内容。具体过程同可选区域，在此不再赘述。

5．设置重复表格

可以在模板中设置重复表格，选择"重复表格"命令，打开如图 14-11 所示的对话框，设置相应的属性后，单击"确定"按钮可以在模板中插入该重复表格。

图 14-10   "新建重复区域"对话框

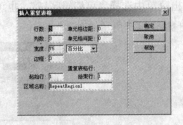

图 14-11   "插入重复表格"对话框

14.4 应 用 模 板

在 Dreamweaver CS3 中，当创建了模板后，可以以模板为基础创建站点或创建新的页面文档，也可以将一个模板直接应用于现有文档，不需要时还可以将模板和文档直接分离。

1．使用模板创建文档

模板创建完之后，可以利用模板来创建新的网页。方法是选择菜单"文件"→"新建"命令，在打开的"新建文档"对话框中切换到"模板中的页"选项卡，如图 14-12 所示，然后从左侧"站点："

列表中选择一个站点，在其右侧的列表中选择一个模板，在最右侧的"预览："框中可以直接看到预览的效果。选择完成后，单击"创建"按钮，将打开文档编辑窗口，该窗口中已经应用了模板中的内容。此时只要在设置的可编辑区域中添加页面元素即可完成页面的创建过程。

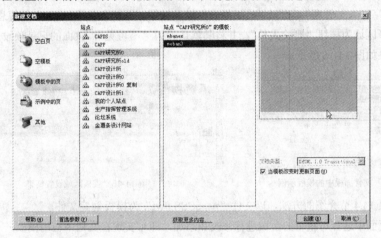

图 14-12　使用模板创建文档对话框

2. 在文档中应用模板

打开要应用模板的页面文档，选择菜单"修改"→"模板"→"应用模板到页"命令，此时将打开"选择模板"对话框，如图 14-13 所示。选择一个要使用的模板，单击"选定"按钮，即可把模板应用于文档中。

3. 更新基于模板的站点和页面

在图 14-13 中，选中复选项"当模板改变时更新页面"，那么当更新了模板时，应用该模板的网页文件也会自动更新。

另外，当没有选择该选项时，也可以通过菜单操作来更新整个站点和当前页面，方法是选择"修改"→"模板"→"更新页面"或者"更新当前页"。当更新页面时，打开如图 14-14 所示的对话框。在"查看"选项中选择要更新的站点可以更新站点，选择使用文件则可以更新某一页面，单击"开始"按钮更新过程开始，在显示记录中显示更新进度。更新完成后单击"关闭"按钮即可。

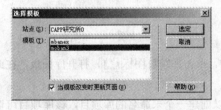

图 14-13　"选择模板"对话框

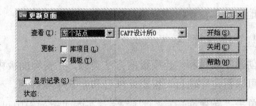

图 14-14　"更新页面"对话框

4. 从模板中分离文档

当需要对模板中的不可编辑区域进行一些编辑操作时，就要让网页脱离原来的模板。方法是选择菜单"修改"→"模板"→"从模板中分离"命令，此时的网页就会变成普通页面，可以任意进行编辑修改等操作。

实例 14-1：利用模板创建用户管理页面。

（1）创建一站点，如名称为 DWbook。

（2）将第 12 章中如图 12-32 所示的人员管理页面另存为文件"pageCSS.dwt"，并将其保存在站点路径下级目录 Templates 中，此时图 14-4 中文件面板将变成如图 14-15 所示。

（3）打开上述的模板文件，按照 14.3 节介绍的方法单击常用工具栏上的模板 按钮，设定可编辑区域有：文字"人员管理"、列表"员工姓名"以及按钮"新增人员""修改人员信息""创建系统用户"；可选择区域为按钮"删除人员"，并将其默认设为"不可见"；页面的记录项设为"可重复区域"。最终结果如图 14-16 所示。

图 14-15　文件面板中的模板示例

图 14-16　模板区域设置结果

（4）按照 14.4 节介绍的方法，以文件"pageCSS.dwt"为模板创建文件。

（5）在页面中选择可编辑的区域进行修改和添加，即可实现在文档中应用模板。

图 14-17　文档中应用模板的实例

14.5　库 的 创 建

所谓库项目，实际上就是文档内容的任意组合，可以将文档中的任意内容存储为库项目，使它在其他地方被重复使用。

1．创建空库

创建库项目和创建模板的方法类似，在资源面板中，单击库项目图标 ，打开库面板，在此面板中可以新建库项目、编辑库项目和删除库项目等。

单击"新建库项目"图标 ，在库面板列表中可以创建一个未命名的库项目，该库项目可以重命名。创建的库项目默认会保存在站点根目录里自动产生的 Library 文件夹中，文件的扩展名是.lib。

对于创建的空库项目可以双击直接打开，和普通文档一样进行编辑操作，也可以单击右键，选择"编辑"命令打开库项目或单击面板下方的 按钮进行编辑。

2．选择网页中的元素创建库项目

选择某一网页中被广泛应用于整个站点的页面元素，如图像、文本、Flash 动画等，用鼠标拖动到"库"列表中，或单击"资源"面板中的 按钮，可以直接新建一个库项目。

3．库属性面板介绍

将库项目插入到文档后，选择文档中的该区域，在属性面板中可显示和该库项目相对应的属性，如图 14-18 所示。

图 14-18 库属性面板

库项目属性面板中各选项说明如下：

（1）Src：显示当前选中的库项目源文件的路径及文件名。

（2）打开：单击此按钮可以打开当前选中的库项目的源文件，用来编辑库项目。

（3）从源文件中分离：该按钮的功能是中断选中的库项目与源文件之间的链接关系，使库项目的内容可编辑。单击此按钮，会出现提示对话框，提示该库项目可编辑，但是改变源文件时不会自动更新当前选择的库项目。

（4）重新创建：使用当前选项覆盖初始设置的库项目。

14.6 管理库项目

1．插入库项目

将光标放在网页中需要插入库项目的位置，在资源面板的"库"列表中选择需要插入的库项目，直接拖动到光标所在位置或者单击下方的 插入 按钮即可。

2．修改库项目

如果修改了库项目文件，选择"文件"→"保存"命令时，弹出"更新库项目"对话框，询问是否更新网站中使用了该库文件的网页。单击"更新"按钮，将更新网站中使用了该库文件的页面。

14.7 利用库项目更新站点

在 Dreamweaver CS3 中，可以使用库项目一次更新网站中所有含有该库项目的网页，也可以只更新特定模板的网页。

更新站点的方法是：在资源面板的库列表中，选择一个库项目文件，然后右键单击，选择"更新站点"，或者选择"修改"→"库"→"更新页面"命令，打开如图 14-19 所示的"更新页面"对话框，设置相应的属性后，单击"开始"按钮即可更新站点。

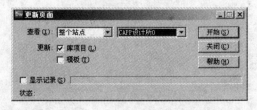

图 14-19 "更新页面"对话框

实例 14-2：把个人站点中的导航信息创建为一个库项目，如图 14-20 所示。

详细步骤如下：

（1）在库面板中，单击"新建库项目"图标，创建一个库项目，命名为 mylib.lib。

（2）双击库项目名称，打开库文件。

（3）在该文件中使用布局模式，插入一个布局表格 600*30，在布局表格中插入 6 个布局单元格，大小为 70*30。

（4）切换到标准模式下，为每个布局单元格添加背景图像和文本信息，并设置文本属性。

（5）保存该文件，在站点的任何一个页面中拖动该文件到光标所在位置，即可把库项目应用到文件中。

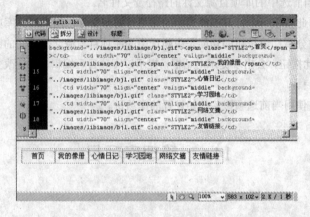

图 14-20　创建库项目文件

第15章　站点的测试和发布

【内容】

本章讲述站点的测试和发布过程。站点的测试包括目标浏览器的测试，页面和站点中超链接的测试，操作系统测试和插件等的测试，站点的发布讲述在 Dreamweaver CS3 中的发布方法和使用其他 FTP 软件进行发布的过程。

【实例】

实例 15-1："金薯条设计奖"站点的测试。

实例 15-2: 使用 Dreamweaver CS3 发布"金薯条设计奖"站点到本机。

【目的】

通过本章的学习，使读者理解站点测试的必要性，熟悉常用的测试方法和测试项目；能够使用 Dreamweaver CS3 熟练进行站点的发布。

15.1　站点的测试

网站制作完成后，在上传至服务器前，还须进行测试工作，以减少可能发生的错误，确保在目标浏览器中可以正常进行浏览。一般在测试一个站点时需要从以下几个方面着手，即浏览器兼容性测试、链接的测试、操作系统测试和分辨率测试等。

15.1.1　目标浏览器测试

目标浏览器测试是指测试网页在不同浏览器和不同的浏览器版本下的运行和显示状况。通过 Dreamweaver 中提供的"检查浏览器兼容性"功能对页面中的代码进行测试，检查是否存在目标浏览器不支持的元素、标签及属性等。

1. 浏览器兼容性

要检查浏览器兼容性，应先确定要检查的对象。要检查某个文件，应先在 Dreamweaver 中打开该文件；若要检查某个站点，应从"文件面板"中选择要检查的站点。确定对象后，选择"文件"→"检查页"→"浏览器兼容性"命令，或者单击"文档"工具栏中的"检查页面"按钮 检查页面，选择"检查浏览器兼容性"，打开"结果"面板组，如图 15-1 所示。在检查文件或站点有疑问的情况下，"浏览器兼容性检查"面板中将列出检查的结果，如图 15-2 所示。

图 15-1　检查浏览器兼容性窗口

在默认情况下，使用的目标浏览器为 Microsoft Internet Explorer 5.0 或 Netscape Navigator 6.0。若要更改目标浏览器，可以单击"文档"工具栏中的"检查页面"按钮 ，从弹出的下拉菜单中选择"设置"命令，打开"目标浏览器"对话框，可以设置"浏览器最低版本"，如图 15-3 所示，在该对话框中用户可以自由设置浏览器，然后单击"确定"按钮。

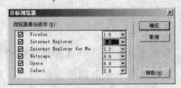

图 15-2   检查浏览器兼容性结果   图 15-3   设置目标浏览器窗口

检查浏览器兼容性可提供 3 个级别潜在问题的信息：告知性信息、错误信息和警告信息。

（1）告知性信息以气球图标 标记，表示代码在特定浏览器中不受支持，但没有可见的影响。

（2）错误信息以红色感叹号图标 标记，表示代码可能在特定浏览器中导致严重的、可见的问题。

（3）警告信息以黄色感叹号图标 标记，表示一段代码将不能在特定浏览器中正确显示，但不会导致任何严重的显示问题。

2．"浏览器兼容性检查"面板

浏览器兼容性检查完成后，可以自动打开"结果"面板组中的"浏览器兼容性检查"面板，还可以选择"窗口"→"结果"命令，打开"结果"面板组中的"浏览器兼容性检查"面板。

现对"浏览器兼容性检查"面板介绍如下：

（1） ：单击该按钮可打开如图 15-4 所示的菜单，从该菜单中选择对应的命令，可执行相应的操作，其中的"设置"就是设置目标浏览器的最低版本。

（2） ：停止按钮，在检查目标浏览器时单击该按钮可以取消正在进行的操作。

（3） ：更多信息按钮，如果在"目标浏览器检查"中列出的信息太长而不能完整阅读时，选择此信息，然后单击该按钮，打开"描述"对话框，如图 15-5 所示，可以显示选定错误信息的完整内容。

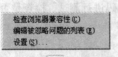

图 15-4   按钮的功能   图 15-5   描述信息对话框

（4） ：保存按钮，浏览器兼容性检查报告不会自动保存，若需要保存，可以单击此按钮保存一份副本。

（5） ：浏览报告按钮，若要在浏览器中查看浏览器兼容性报告信息，可以单击此按钮。

（6） ：若要在查看当前文档和查看整个站点报告之间进行切换，从弹出的菜单中选择"当前文档"或"站点报告"选项。

3．首选参数中的"在浏览器中预览"功能

选择"编辑"→"首选参数"命令，在左侧的"分类"中选择"在浏览器中预览"，打开如图 15-6 所示的对话框。

在文本区中列出了一种浏览器 IExplorer，单击 按钮打开如图 15-7 所示的对话框，可以添加其

他浏览器，方法是在应用程序文本框中通过"浏览"按钮选择一种浏览器，单击"确定"按钮即可。单击 ⊟ 按钮可以删除添加的浏览器，还可以设置默认的主浏览器和次浏览器。单击"编辑"按钮，可以对文本框中列出的浏览器重新进行设置，如对添加的浏览器可以设置默认状态是"主浏览器"或"次浏览器"等。

图 15-6　"首选参数"对话框

图 15-7　"添加浏览器"对话框

15.1.2　链接的测试

链接的测试主要是指检查链接的断开和外部链接以及孤立文件等。可以检查打开的文件，本地站点的某一部分或者整个本地站点中的链接。

（1）检查当前文档中的链接。若要检查当前文档中的链接，先打开该文档，然后选择"文件"→"检查页"→"链接"命令，自动打开"结果"面板组中的"链接检查器"面板，如图 15-8 所示，显示的是检查得到的结果。或打开文档后选择"窗口"→"结果"命令，选择"链接检查器"面板，单击 ▶，选择"检查当前文档中的链接"，也可以显示检查的结果。

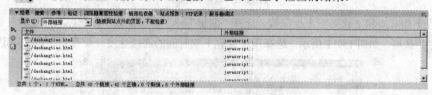

图 15-8　"链接检查器"面板

在"显示"下拉列表中可以选择显示"断掉的链接""外部链接"和"孤立文件"，在其状态栏中列出了文件数、HTML 文件数、链接数、正确的链接数、断掉的链接数以及外部链接数等信息。

（2）检查站点中所选文件的链接。若要检查站点中所选文件的链接，先从"文件"面板中选择要检查的站点，在文件列表中选择要检查的文件夹和文件，然后单击"链接检查器"面板中的 ▶ 按钮，选择"检查站点中所选文件的链接"命令，即可在列表框中列出链接报告信息，也可以查看断掉的链接、外部链接和孤立文件。站点中的文件总数、HTML 文件个数、孤立文件个数、链接个数、断掉的链接个数以及外部链接等信息在其列表的下方能够看到。

（3）检查整个当前本地站点的链接。检查整个当前本地站点的链接方法同上，只是需要在"文件"面板中选择一个站点，再单击 ▶ 按钮，从弹出的菜单中选择"为整个站点检查链接"命令。

15.1.3　链接的修复

当在 Dreamweaver 中检查链接时，"链接检查器"面板显示一份报告，该报告包括断开的链接、外部链接和孤立的文件。可以直接在"链接检查器"中修复断开的链接，也可以从此列表中打开文件后，使用属性面板中的参数进行修复链接。

若要在"链接检查器"面板中修复链接，先进行链接检查，然后在"显示"下拉列表中选择类型，如断掉的链接，显示该站点中所有的断链。如图 15-9 所示，选择面板中的任意断链，单击其右侧的文件夹按钮，打开"选择文件"对话框，从站点中选择链接的文件，然后单击"确定"按钮，完成一个断链的修复操作。当用户明确知道要链接的文件的具体地址和文件名时，也可在文本框中输入正确的路径名和文件名，回车确认。

图 15-9　链接的修复

15.1.4　下载时间和大小的设置

Dreamweaver 根据页面的全部内容来计算大小，根据"状态栏"首选参数中输入的连接速度估计下载时间。最理想的网页下载时间为 1 秒，因为网络连接的各种限制，所以很少有网页能达到这个理想下载时间。通常在"设计窗口"的下方看到如图 15-10 所示的结果。表示此时页面是以 100%的缩放比例显示，窗口大小是 1 013*208，下载的速度是 2Kb/秒。

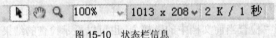

图 15-10　状态栏信息

要设置下载时间和下载页面大小参数，选择"编辑"→"首选参数"命令，从打开的对话框中选择"状态栏"选项，如图 15-11 所示。选择用于计算下载时间的连接速度，设置后单击"确定"按钮。

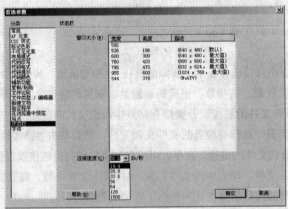

图 15-11　首选参数中的状态栏设置

另外，窗口大小也可以进行设置。用户可以自定义出现在状态栏中的窗口大小。

15.1.5　使用报告测试站点

通过站点报告可以改进工作流程，测试站点以及检查辅助功能。选择"结果"面板中的站点报告，再单击左上角的报告按钮 ▶ ，弹出"报告"对话框如图 15-12 所示。各选项的含义说明如下：

（1）"报告在"选项栏：在弹出菜单中选择运行报告的对象，有当前文档、整个当前本地站点、站点中的已选文件和文件夹等 4 个选项。

（2）选择报告：选择需要列出的报告项，包括工作流程和 HTML 报告两个方面。

● 取出者：列出某特定小组成员取出的所有文档；

● 设计备注：列出选项文档或站点的所有设计备注；

● 最近修改：列出在指定时间段内发生更改的文件；

● 可合并嵌套字体标签：列出所有可以为清理代码而合并的嵌套字体标签；

● 辅助功能：详细列出当前内容与辅助功能准则之间的冲突；

● 没有替换文本：列出所有没有替换文本的 img 标签；

● 多余的嵌套标签：详细列出应该清理的嵌套标签；

● 可移除的空标签：列出可以清理的一些空标签信息；

● 无标题文档：创建一个报告，列出在选定参数中找到的所有无标题的文档。Dw 报告所有具有默认标题，重复标题或缺少标题标签的文档。

单击"运行"按钮开始运行。运行完毕，产生一份网页形式的运行报告，如图 15-13 所示。

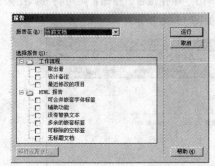

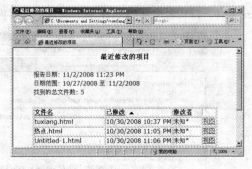

图 15-12 "报告"对话框　　　　图 15-13 运行"最近修改的项目"结果

实例 15-1："金薯条设计奖"站点的测试。

（1）创建一个站点——"金薯条设计网站"，文件夹为原 Dreamweaver 2004 站点示例文件夹"F460_site"。

（2）选择"文件"→"检查页"→"浏览器兼容性"命令，在如图 15-1 的结果面板中未检测到任何问题。

（3）选择"文件"→"检查页"→"辅助功能"命令，在如图 15-1 结果面板中检测到问题如图 15-14 所示。

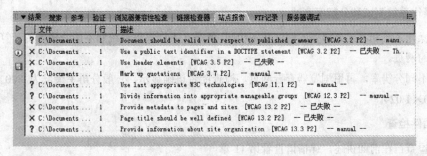

图 15-14 站点辅助功能检查结果

（4）选择"文件"→"检查页"→"辅助功能"命令，在如图 15-1 结果面板中未检测到任何问题。

（5）选择"结果"面板中的站点报告，再单击左上角的报告按钮 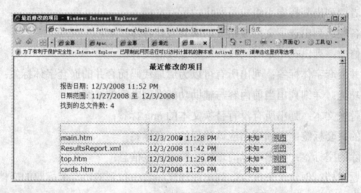，在如图 5-12 所示的对话框中选择"最近修改项目"和"整个当前本地站点"，则弹出测试报告页面，如图 15-15 所示。

图 15-15　站点最近修改的项目报告

（6）如果步骤（5）中将所有项目都选择上，并且单击"保存报告"按钮，则可将测试结果保存成 .xml 文件，默认名称为"ResultsReport.xml"，其内容如图 15-16 所示。

图 15-16　站点测试报告综合结果

15.2　其 他 测 试

1．操作系统测试和分辨率测试

不同操作系统和不同分辨率的测试基本相同，就是在不同操作系统和不同分辨率的计算机下运行需要测试的网页。

设置不同分辨率，再用浏览器查看网页，检查能否正确显示，一般分辨率最低为 800×600，最高为 1 280×1 024。

2．插件检查

插件检查已在前面讲述，详情请查看第 11 章。

15.3　站点的发布

1．申请网页空间

申请网页空间的方法有下列几种：

（1）租用专线（或 ADSL）：如果预算充足的话，可以向万维网、中国万维网等 ISP（Internet Service Provider）租用专线，让计算机 24 小时上网并架设成 Web 服务器，这么一来，其他人就可以通过 Internet 浏览存放在自己计算机上的网页。

（2）租用网页空间或虚拟主机：ISP 通常会提供网页空间或虚拟主机出租业务，这种业务的价格比较低，适合预算少的使用者。

（3）申请免费网页空间：事实上，就算没有预算，还是可以上网去申请免费网页空间。目前，完全提供免费网页空间服务的站点不多，但是大部分还是可以免费使用几天的，可以在网上搜索查找。例如：http://www.51.net，http://www.91i.net 等。

2．注册网域名称

在网站中注册一个网域名称后，可以拥有 xxx.com.cn，xxx.org.cn，xxx.net.cn 等网址。目前，可以通过 "中国网络信息中心"（CNNIC）的网域名称注册系统申请.com.cn，.org.cn，.net.cn 的网域名称。

3．首选参数中的 "站点" 设置

首选参数中的 "站点" 对话框如图 15-17 所示，各选项的属性介绍如下：

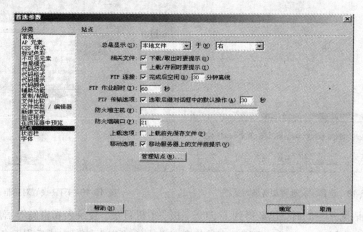

图 15-17　首选参数中的站点设置

（1）总是显示：设置在选定的位置显示本地文件还是远程文件。

（2）相关文件：设置在下载/取出时，以及上传/存回时是否要提示把页面中的相关从属文件进行下载或上传操作。

（3）FTP 连接：确定在没有任何响应的时间超过制定的时间时，是否终止与远程站点的连接。

（4）FTP 作业超时：指定 Dreamweaver 尝试与远程服务器进行连接所用的时间数。

（5）FTP 传输选项：确定在文件传输过程中显示对话框时，如果经过指定的时间用户没有响应，Dreamweaver 是否选择默认选项。

（6）防火墙主机：制定在防火墙后面时与外部服务器连接所使用的代理服务器的地址。如果不在防火墙后，则此项留空不填；如果位于防火墙后，则在站点定义对话框的"高级"选项卡中选中"使用防火墙"选项。

（7）防火墙端口：制定通过防火墙中的那个端口与远程服务器相连。如果不使用端口 21（FTP 默认的端口号）进行连接，则需要在此处输入端口号。

（8）上传选项：设置上传前是否自动保存文件。即该选项选中，则是在将文件上传到远程站点前自动保存未保存的文件。

（9）移动选项：该选项被选中时，若需要改变服务器中文件的位置，则弹出提示对话框。

（10）管理站点：单击此按钮，可以对上传的站点进行编辑操作。

4．在 Dreamweaver 中发布

创建好的站点可以发布到 Internet 上的空间中，也可以发布到局域网中的某一个主机上。如果没有具备这些条件，而又想测试一下 Dreamweaver 的上传功能，可以从定义站点对话框的"高级"选项卡中的"远程信息"中选择"访问"下拉列表中的"本地/网络"选项，并在"远程文件夹"中指定自己电脑中的一个文件夹，同样可以实现上传功能。下面主要讲述上传至 Internet 和上传至本机的过程。

（1）上传到 Internet。

* 在文件面板中单击上传文件按钮，弹出如图 15-18 所示的对话框，选择"是"按钮，立即定义远程服务器，打开如图 15-19 所示的对话框。

图 15-18　选择定义远程服务器对话框　　　　图 15-19　FTP 设置对话框

* 在申请网站空间时，已经得到了 FTP 主机、主机目录、登录名和密码等信息，因此在"访问"中选择 FTP 方式，填写相应的信息，单击"确定"按钮完成远程服务器的测试。
* 此时把视图显示设置为远程视图，再单击上传文件按钮，将会提示是否上传整个站点，选择"是"，则开始上传站点中的所有文件，如图 15-20 所示，传输完毕后自动关闭。
* 最后用申请空间时设置的站点名称登录即可在 Internet 上看到自己的站点。

（2）上传到本机。通过在本地模拟远程文件夹的方法，可以把网站上传到本地机上。方法和上传到 Internet 类似，在设置远程服务器时，选择"本地/网络"选项，通过浏览按钮在远程文件夹中设置一个本地文件路径，如图 15-21 所示，单击"确定"按钮设置完成，再单击上传文件按钮可以把站点文件上传到本地的其他位置。

图 15-20 后台传输文件 　　　　　　　　　图 15-21 上传到本地对话框

实例 15-2："金薯条设计奖"站点的发布。

（1）上传到本机。

● 将设计好的网页文件存放在本机指定的文件夹中，把如本例金薯条设计奖网页文件夹 F460_site 放于文件夹 chap15 后。

● 在文件夹 chap15 下新建文件夹 teleWebSite，以存储远程网页文件。

● 选择菜单"站点"→"新建站点"菜单子项，打开如图 3-10 所示的对话框。

● 确定站点的名称和本地根文件夹（即本地路径+F460_site）。

● 选择"远程信息"选项，对应访问的下拉列表项确定为"本地/网络"。

● 单击远端文件夹对应的文件浏览按钮，选择刚创建的文件夹 teleWebSite，单击"确定"按钮实现远程信息的设定。

● 单击文件面板组中的上传文件按钮 ⇧，单击"确定"按钮将会出现如图 15-22 所示的对话框。

● 选择文件面板组中的 远程视图 ▼，文件面板组将显示远程站点相关信息，如图 15-23 所示。

图 15-22 后台文件上传活动对话框 　　　　图 15-23 "金薯条设计奖"网站远程视图

（2）上传到 web 服务器。

● 在本机安装一台 Web 服务器，本课程选用 Apache Tomcat4.1，读者可通过网址 http://jakarta.apache.org/自行下载安装。

● 单击下载的安装文件 jakarta-tomcat-4.1.12.exe，按照提示安装即可，该软件默认安装路径为：C:\Program Files\Apache Group\Tomcat 4.1。

● 单击 bin 文件夹下的 startup.bat，如果安装成功则出现如图 15-24 所示的窗口。

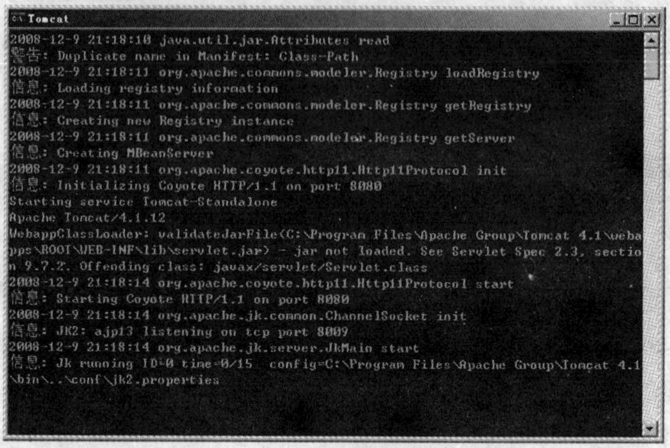

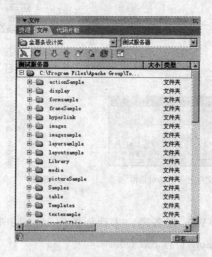

图 15-24 "金薯条设计奖"网站测试服务器视图

● 在安装目录文件夹 webapps\ROOT 下新建文件夹 teleWebSite，用以存放上传的网页。

● 选择上面创建的金薯条设计奖设计网站，并对其进行编辑。在如图 3-10 所示的对话框中，选择"测试服务器"选项，服务器类型为"无"，访问选择"本地/网络"，测试服务器文件通过文件选择按钮确定为"C:\Program Files\Apache Group\Tomcat 4.1\ webapps\ROOT\tele WebSite\"，URL 前缀为 http://localhost:8080/teleWebSite/。

● 在如图 3-10 所示的对话框中，选择"本地信息"选项，其 HTTP 地址修改为 http://localhost:8080/teleWebSite/goldenPotato/F460_site/index.htm/，单击"确定"按钮完成网站的修改。

● 单击文件面板组中的上传文件按钮 ⬆，单击"确定"按钮将会出现如图 15-22 所示的对话框。

● 选择文件面板组中的 测试服务器 ▾，文件面板组将显示远程站点相关信息，如图 15-25 所示。

图 15-25 Tomcat 服务器运行窗口

● 双击 index.htm 文件，按功能键 F12 将 web 服务器上的首页在 Tomcat 中运行，效果如图 15-26 所示。

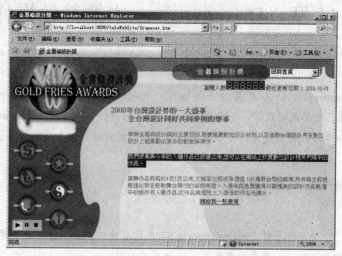

图 15-26　金薯条设计奖网站 web 服务器上运行效果

第 16 章　Dreamweaver 中的其他操作

【内容】

本章讲述 Dreamweaver CS3 的其他一些操作，包括创建网站相册、网页内容的管理以及 Dreamweaver CS3 第三方扩展功能等。在这些操作中，清理 HTML 代码以及清理 Word 生成的 HTML 代码虽然比较简单，但是在设计页面时是很实用的，可以帮助网站制作者清理很多垃圾代码。

【实例】

实例 16-1：创建"花的世界"网站相册。

【目的】

通过本章的学习，使读者了解 Dreamweaver CS3 中的其他功能，以及在使用过程中可以通过第三方扩展的方式添加其他功能，便于读者制作出满足要求的网站。

16.1　创建网站相册

当电脑上同时安装有 Dreamweaver 和 Fireworks 时，可以使用 Dreamweaver CS3 中提供的创建网站相册功能。

在 Dreamweaver 中，使用"创建网站相册"命令，可以制作 Web 相册。方法是选择菜单"命令"→"创建网站相册"，打开"创建网站相册"对话框，如图 16-1 所示。

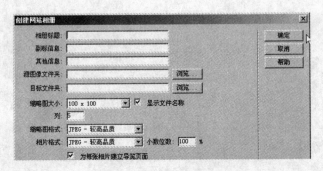

图 16-1　"创建网站相册"对话框

"创建网站相册"对话框中各选项的参数介绍如下：

（1）相册标题：用来设定网站相册的标题。

（2）副标信息：用来设定网站相册的副标题。

（3）其他信息：用来设定其他信息。

（4）源图像文件夹：用来设定源图像所在的文件夹。

（5）目标文件夹：用来设定放置生成图像和网页的文件夹。

（6）缩略图大小：用来设定预览图像的大小，单位为像素。

（7）显示文件名称：用来设定图像下方是否显示图像的文件名。

（8）列：用来设定一行显示图片的个数。

（9）缩略图格式：用来设定预览图像的格式以及图像的质量。缩略图只是为了让人知道其中主要有什么内容，图像质量差一点问题不大。因此，一般会选择"JPEG-较小文件"，也就是采用 JPEG 格式来存储照片，并且优先保证文件体积。

（10）相片格式：用来设定图像源文件优化的格式。因为这是最终要看到的图像，质量要好﹒些，因此选择"JPEG-较高品质"。

（11）小数位数：用来缩放图像，可以在"小数位数"文本框中直接输入缩放百分比。

（12）为每张相片建立导览页面：选中该复选项后，会为每张相片创建 HTML 网页以及网页之间的导航结构。

实例 16-1：创建"花的世界"网站相册。

其创建步骤如下：

（1）新建一个页面文件，并保存。

（2）选择"命令"→"创建网站相册"，打开"创建网站相册"对话框。

（3）在对话框中的"相册标题"文本框中输入相册的名称"花的世界"，在副标信息中设定一个相册的副标题，如"美好家园"，在"其他信息"中输入一些备注信息等，如"陆续加入中…"。

（4）通过"源图像文件夹"文本框中的浏览按钮添加相册源图像所在的目录，如 f:\source，在"目标图像文件夹"文本框中添加网站相册所在的目录，如 e:\flowerphoto。

（5）其他选项根据需要进行设置，本例按默认设置，设置完成后，单击"确定"按钮关闭该对话框窗口；此时自动打开 Fireworks，完成图像相册的创建过程后，在 Dreaweaver 中弹出相册创建成功的对话框。

（6）单击"确定"按钮后，在 Dreamweaver 的窗口中产生了一个 index.htm 文件。按 F12 键直接预览，效果如图 16-2 所示的网站相册创建完成。

（7）鼠标移到每个相片上时，可以看到有超链接，单击可查看到相片的效果，如图 16-3 所示。

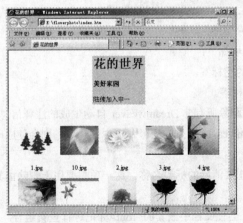

图 16-2　网站相册主页面

图 16-3　网站相册中的相片

注意 ：上述实例制作完毕后，打开 Windows 资源管理器，查看 e:\ flowerphoto 中的文件，如图 16-4 所示，自动产生了相册主页文件 index.htm 以及文件夹 images，pages 和 thumbnails 等，也可以直接双击 index.htm 打开该网站相册。

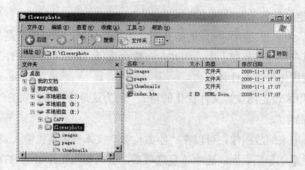

图 16-4　Windows 资源管理器中查看的结果

16.2　网页代码的管理

1. 清理 HTML 代码

在编辑网页的过程中，不可避免地会产生冗余的 HTML 代码。不必要的代码会影响网页的下载速度和网页的兼容性，所以网页完成后需要精简代码。

选择菜单"命令"→"清理 XHTML"命令，打开"清理 HTML/XHTML"对话框，如图 16-5 所示。

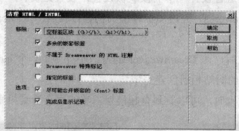

图 16-5　"清理 HTML/XHTML"对话框

"清理 HTML/XHTML"对话框各选项的含义说明如下：

（1）空标签区块：用于清除没有包含任何内容的空标签。

（2）多余的嵌套标签：用于清除多余的 HTML 标签。

（3）不属于 Dreamweaver 的 HTML 注解：用于删除所有非 Dreamweaver 自动生成的注释信息。

（4）Dreamweaver 特殊标记：用于清除由 Dreamweaver 产生的注释。选中该选项，则会使应用过模板和库的网页与模板和库脱离。

（5）指定的标签：在文本框中，用户可以输入想要清除的标签名称。这一项主要用于删除由其他可视化编辑器生成的标签、自定义标签等。

（6）尽可能合并嵌套的<font>标签：选中该选项，会使文档中嵌套的<font>标记进行重新组合。

（7）完成后显示记录：选中该选项，会在清除 HTML 代码的操作完成后显示提示信息。

2. 清理 Word 生成的 HTML 代码

如果网页是由 Word 文件另存为 HTML 文件的，此时可以选择菜单"命令"→"清理 Word 生成的 HTML"，打开如图 16-6 及图 16-7 所示的对话框。

通过设置"基本"和"详细"面板中的选项，可以清除由 Word 文件转换所产生的垃圾代码。

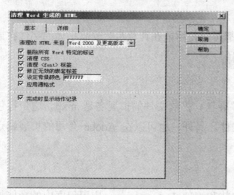
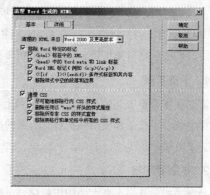

图 16-6 "清理 Word 生成的 HTML"基本对话框　　　图 16-7 "清理 Word 生成的 HTML"详细对话框

3. 查找和替换

当一个网站中网页数目很多时，利用查找和替换功能，可以大大减少手工修改的工作量。打开要进行查找和替换的网页，选择菜单"编辑"→"查找和替换"，打开"查找和替换"对话框，如图16-8 所示。

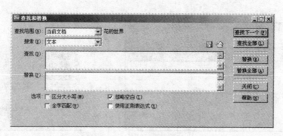

图 16-8 "查找和替换"对话框

"查找和替换"对话框中各属性的含义说明如下：

（1）查找范围：查找的范围可以是所选文字、当前文档、打开的文档、文件夹、站点中选定的文件和整个当前本地站点。通常选择的查找范围是当前文档或者是整个当前本地站点。

（2）搜索：用来确定查找内容的类别、有源代码、文本、文本（高级）、指定标签。

（3）查找：用来确定要查找的具体内容。

（4）替换：用来确定要替换成的具体内容。

（5）选项：可以选择是否区分大小写、忽略空白、全字匹配、使用正则表达式等。

（6）按钮项："查找下一个"按钮查找一次就关闭对话框；"查找全部"按钮查找指定范围内的全部信息；"替换"按钮可以替换一次；"替换全部"按钮将不给出提示，替换指定范围内的全部信息；"关闭"按钮关闭该对话框；"帮助"按钮将打开 Dreamweaver 中与"查找和替换"相关的帮助文件。

16.3　Dreamweaver 的第三方扩展

扩展是一段可以添加到 Dreamweaver 应用程序以增强应用程序功能的软件。Adobe 提供几种类型的扩展，主要包括以下几点：

（1）可被添加到"插入"栏和"插入"菜单的 HTML 代码。

（2）添加到"命令"菜单的 JavaScript 命令。

（3）新的行为、属性检查器和浮动面板。

（4）所有支持扩展管理器的 Adobe 应用程序都可以使用能在计算机上安装字体的字体扩展。通常使用的扩展包括对象扩展、行为扩展和命令扩展等。

1．下载扩展

需要获得希望安装的扩展，可以在网上下载扩展包。扩展文件的扩展名是 .mxp。这个打包的扩展文件中包含了安装和使用该扩展时所需的所有文件。另外，也可以在 Adobe 公司的扩展站点中去下载扩展链接。

2．扩展管理器

扩展管理器是一个独立的应用程序，可用于安装和管理 Dreamweaver 应用程序中的功能扩展。启动扩展管理器的方法是在 Dreamweaver 中，选择"命令"→"扩展管理"。

在首次启动扩展管理器时，它会搜索以前安装的扩展并显示出来。默认情况下，这些扩展是被禁用的，可以通过单击"开/关"复选框启用任何扩展。启动后看到的窗口如图 16-9 所示。

扩展管理器中，如图 16-10 所示，通过文件菜单可以进行安装扩展，并且可以进行扩展打包，提交扩展等操作。

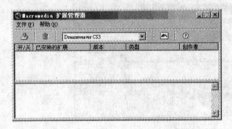

图 16-9　扩展管理器　　　　　　图 16-10　文件菜单

（1）安装扩展。安装扩展的操作步骤如下：

● 在扩展管理器中，选择"文件"→"安装扩展"。

● 在出现的文件选择对话框中，选择一个扩展名为.mxp 的扩展文件，然后单击"安装"按钮。

● 仔细阅读 Macromedia 扩展免责声明和所有可能附带的第三方扩展许可。选择"接受"，继续安装；或者选择"拒绝"，取消安装。

● 如果已安装了该扩展的另一个版本，或者安装了具有相同名称的另一个扩展，扩展管理器会问是否禁用已经安装的那个扩展。选择"是"会用新的扩展替换以前安装的扩展，或者选择"否"取消安装，保留现有的扩展。

● 如果系统问是否替换一个或多个现有文件，选择"是"或者"全是"将接受扩展中包括的一个或多个版本；或者选择"否"，则保留当前文件版本。

（2）将扩展打包。在使用中也可以将扩展打包，方法是选择"文件"→"将扩展打包"，打开选择要打包的扩展文件，选择后即可执行。

（3）提交扩展。打包的扩展还可以提交到 Macromedia Exchange，以便和其他用户共享。要将打包的扩展提交到 Exchange，方法是选择"文件"→"提交扩展"命令。

（4）移除扩展。从已安装扩展的列表中选择一个扩展，如果列表中没有出现某个扩展，则不能删除这个扩展。选择"文件"→"移除扩展"命令，在确认对话框中选择"是"，确认删除该扩展即可。

（5）转到 Macromedia Exchange。转到 Macromedia Exchange 命令将打开 Adobe 公司的官方网站 Exchange 主页，如图 16-11 所示，在其中可以查找由个人创建的很多扩展组件。

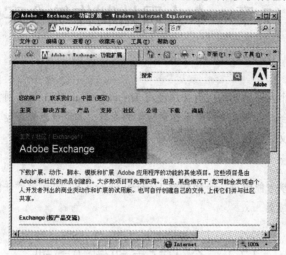

图 16-11　Exchange 主页

（3）基于 Macromedia Exchange，读者可将 Macromedia Exchange 合于 HTTP Adobe 公司提供了 Exchange 1.0，请读者 16 后以 Adobe 方式中以 HTML 人具使用面 在中用面打。

第 17 章　个人网站制作综合实例

【内容】

本章通过"天天的个人网站"的实例介绍使用 Dreamweaver CS3 制作网页的方法，在制作网页的过程中，读者可以综合、系统地回顾前面各章所学的内容。本章重点介绍站点地图的构建、页面布局问题、CSS 样式以及文字、图形和多媒体的插入问题。

【目的】

通过本章的学习，读者能够进一步加强对 Dreamweaver CS3 的认识，并能够综合运用它的各项功能，制作复杂的页面效果。

17.1　个人站点创建和管理

（1）根据第 3 章介绍的站点创建的方法，选择菜单"站点"→"新建站点"，在站点基本定义对话框中将站点名称定义为"personalWebsite"，本地根文件夹确定为"D:\学术研究\教材书籍\网页设计\正文\lastVersion\chap17\personalWebsite\"，详细内容如图 17-1 所示。

图 17-1　个人网站的定义

（2）在文件面板组中，右键单击刚创建的站点"personalWebsite"，创建系列文件夹和文件，以和站点的功能相对应。

- 文件 index.htm——站点首页。
- 文件夹 introduction——自我介绍。
  - 文件 aboutme.htm——自我介绍页面。
  - 文件 xiaobaitu.mp3——自我介绍页面中的背景音乐。
- 文件夹 myPhoto——我的相册。
  - 文件 photoList.htm——我的相册主页面。
  - 文件 myPhoto.htm——显示用户鼠标单击选择的页面。
  - 文件 picture——存放相册里的图片。
- 文件夹 story——故事大王。
  - 文件 story.htm——故事大王主页面。

➤ 文件 story_1.htm，story_2.htm，story_3.htm，story_4.htm，story_5.htm——具体故事页面。

● 文件夹 music——爱听的歌。

➤ 文件 music.htm——爱听的歌主页面。

➤ 文件 music1.htm，music2.htm，music3.htm，music4.htm，music5.htm，music6.htm，music7.htm，music8.htm——具体歌曲页面。

➤ 文件夹 flash——存放具体歌曲 flash。

● 文件夹 study——学习园地。

➤ 文件 studyList.htm——学习园地主页面。

➤ 文件 study1.htm，study2.htm，study3.htm，study4.htm，study5.htm——具体学习内容页面。

➤ 文件夹 flash——存放具体学习 flash。

● 文件 index.htm——友情链接。

● 文件 css.css——囊括整个站点页面关键 css 样式。

● 文件夹 images——站点页面需要的图片文件。

通过上述方法创建的站点地图如图 17-2 所示，该站点用到的资源列表如图 17-3 所示。

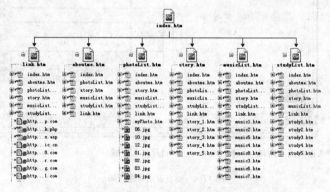

图 17-2　个人网站的站点地图

图 17-3　个人网站的资源列表

17.2　站点首页的制作

1．站点首页的页面布局

在站点中新建首页文件 index.htm，并选择"查看"→"表格模式"→"布局模式"命令，在布局模式中通过连续使用"布局"工具栏下布局表格按钮 □ 和布局单元格按钮 □ 绘制最大宽度为"780"，高度为"625"的系列布局表格，如图 17-4 所示。

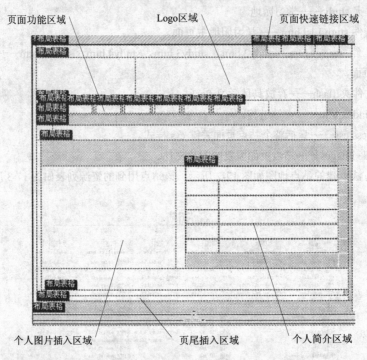

图 17-4　站点首页页面布局

2．页面 CSS 样式层叠表文件的编制

单击"CSS 样式"面板中的"新建 CSS 规则"按钮 ，在如图 12-10 所示的对话框中，选择器类型为高级，选择器处输入"a.link4:link"，定义类型为"新建样式表文件"，单击确定后文件保存在站点根目录处，文件名为 css.css，其详细内容如图 17-5 所示。

```
1  @charset "gb2312";
2  a.link4:link {
3      color: #000000;font-size:12px;font-family: "宋体";
4      text-decoration: none;
5  }
6  a.link4:visited {
7      color: #000000;font-size:12px;font-family: "宋体";
8      text-decoration: none;
9  }
10 a.link4:hover {
11     color: #000000;font-size:12px;font-family: "宋体";
12     text-decoration: none;
13 }
14 a.link4:active {
15     color: #000000;font-size:12px;font-family: "宋体";
16     text-decoration: none;
17 }
18 .biaoti1{font-size: 13px; color: #000000.font-family: "宋体" }
19 .zhengwen{font-size: 12px; color: #000000;line-height:25px; font-family: "宋体" }
20 .shuru5 { color: #000000;font-size: 12px;BORDER-BOTTOM:1px solid; BORDER-LEFT:1px
   solid; BORDER-RIGHT:1px solid; BORDER-TOP:1px solid;}
```

图 17-5　CSS 样式表详细内容

在首页文件 index.htm 中，单击 CSS 样式面板组上的  按钮，浏览选择刚创建的样式文件 "css.css"，添加为链接，在首页文件标签符<head>中将出现如下代码：

<link href="css.css" rel="stylesheet" type="text/css">

3．插入 logo 图标

（1）光标定位在如图 17-4 所示的 logo 区域的左部分，选择"插入记录"→"图像"菜单，选择文件"images/logo.jpg"，实现图片的插入。

（2）光标定位在如图 17-4 所示的 logo 区域的右部分，选择"插入记录"→"媒体"→"Flash"菜单，选择 flash 文件"images/banner.swf"，实现多媒体的插入。

logo 图标插入后的效果如图 17-6 所示。

图 17-6　logo 图标插入后效果

4．首页功能选项卡的制作及修饰图片的插入

（1）光标定位在如图 17-4 所示的页面功能区域，在连续的单元格中分别输入文字"首页""自我介绍""我的相册""故事大王""爱听的歌""学习园地"和"友情链接"，并在第一个单元格中插入图片"images/d1.gif"，以标识其为第一个选项卡。

（2）按住 Ctrl 键单击第一单元格，在其属性对话框中确定背景图片为"images/bj2.gif"，依此类推，其余 6 个单元格的背景图片为"images/bj1.gif"。

（3）光标定位在如图 17-14 所示的"页面快速链接区域"，在一、三单元格分别插入图片"images/t-1.gif"和"images/t-3.gif"，在二、四单元格分别输入文字"网站首页"和"友情链接"。

（4）"页面快速连接区域"嵌套的表格单元格的灰色背景设置为"images/01.jpg"。

（5）将"个人图片插入区域"和"个人简介区域"所在单元格的背景设置为"images/sj-lxs.gif"。

（6）按住 Ctrl 键并单击整个表格，并将其背景图片设置为"images/pageBg.gif"。

（7）光标定位在如图 17-4 所示的页尾插入区域，插入图片"images/foot-lxs.gif"。

（8）在代码视图中，找到<body>标签，光标定位在 body 后按空格键，通过弹出式快捷菜单的交互添加属性，最后代码为

<body style="background-image: url('images/bg3.jpg')">

首页功能选项卡制作后效果如图 17-7 所示。

5．首页主要内容的制作

（1）光标定位在如图 17-4 所示的页面功能区域，单击"常用"工具栏上的图像按钮，实现图片"images/baby.jpg"的插入。

（2）光标定位在如图 17-4 所示的个人简介区域，单击"常用"工具栏上的表格按钮，插入 5 行 2 列表格，表格标题为"我的简介"，表格属性为：宽 370 像素，边框为 0，间距为 0，其余默认，在表格相应位置输入姓名、性别、年龄等方面的信息，并在属性检查器中设置其样式为 shuru5。

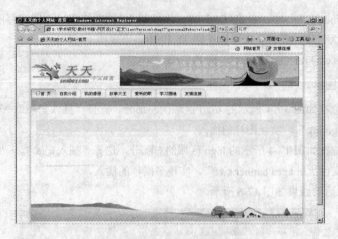

图 17-7　首页功能选项卡制作后效果

（3）在个人简介区域下方单元格处，首先插入一图片"images/jianjie.gif"，然后输入自我介绍的文字，并将自我介绍文字所在的单元格背景设为"images/line4.gif"，样式在属性检查器中设置为"zhengwen"。

首页主要内容制作后效果如图 17-8 所示。

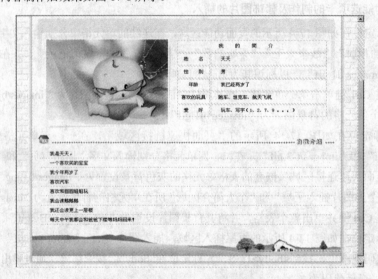

图 17-8　首页主要内容制作后效果

6. 首页超链接的定义

首页上页面之间流转的超链接主要体现在选项卡和快速链接处，故添加的超链接如下：

（1）用鼠标选择"首页"选项，在属性检查器中指定其链接为"index.htm"，样式选择 link4，其余默认。

（2）用鼠标选择"自我介绍"选项，在属性检查器中指定其链接为"introduction/aboutme.htm"，样式选择 link4，其余默认。

（3）用鼠标选择"我的相册"选项，在属性检查器中指定其链接为"myPhoto/photoList.htm"，样式选择 link4，其余默认。

（4）用鼠标选择"故事大王"选项，在属性检查器中指定其链接为"story/story.htm"，样式选择 link4，其余默认。

（5）用鼠标选择"爱听的歌"选项，在属性检查器中指定其链接为"music/musicList.htm"，样式选择 link4，其余默认。

（6）用鼠标选择"学习园地"选项，在属性检查器中指定其链接为"study/studyList.htm"，样式选择 link4，其余默认。

（7）用鼠标选择"友情链接"选项，在属性检查器中指定其链接为"link.htm"，样式选择 link4，其余默认。

（8）"网站首页"的链接设置与"首页"链接的设置完全相同。

（9）"友情链接"的链接设置与选项卡中"友情链接"的链接设置完全相同。

17.3　"自我介绍"页面的制作

"自我介绍"页面的制作方法与站点首页的页面布局制作方法非常类似，其效果如图 17-9 所示。在页面设计过程中应注意以下几个方面的问题。

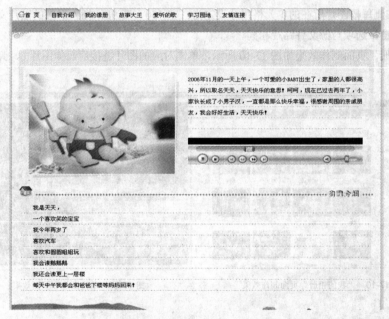

图 17-9　"自我介绍"页面制作效果

（1）在站点根目录下新建文件夹"introduction"，并在此文件夹下新建文件"aboutme.htm"。

（2）将页面选项卡中文字"自我介绍"所在单元格的背景图片设为"images/bj2.gif"，其余选项卡项目所在单元格的背景图片都设成"images/bj1.gif"。

（3）在页面主要区域所在单元格分别插入图片"../images/baby2.jpg"和相应文字，并且主要文字下方插入插件来播放声音，方法为选择"插入记录"→"媒体"→"插件"命令，在弹出的对话框中选择声音文件"xiaobaitu.mp3"。

（4）插入的声音文件最好和页面 aboutme.htm 在同一文件下，否则可能会出现声音播放不了的问题。

17.4 "我的相册"页面的制作

"我的相册"页面主要区域可分为两个部分,一个是推荐图片,另一个是我的照片,主要的功能是用户选择左边的链接或右侧的图片都会打开一个新的页面以详细显示图片信息。该页面的主要制作方法如下:

(1)在站点根目录下新建文件夹"myPhoto",并在该文件夹下再新建文件夹"picture"以存放相册所需图片。

(2)在文件夹"myPhoto"下新建文件"photoList.htm",该页面选项卡的处理方法与"自我介绍"页面相同。

(3)在左侧"推荐图片"中每行单元格插入图片"good.gif",紧随其后的单元格中输入文字"我的照片、图片1…",并在对应文字上添加动作处理行为,如针对图片1添加的代码为<div onClick=" MM_openBrWindow ('picture/01.jpg', '','width= 800, height= 600')"><a href="#">图片 1</a></div>。

(4)左侧"推荐图片"中第一单元格"我的照片"的链接为 myPhoto.htm,其余在属性检查器中不变。

(5)将右侧每幅图片所在的单元格尺寸设定为:宽130、高98,插入对应的图片文件,并且在属性检查器中链接选项与源文件路径相同。

"我的相册"页面制作效果如图 17-10 所示,单击对应的图片链接后,如图片6,弹出的页面如图 17-11 所示。

图 17-10 "我的相册"页面制作效果　　　　图 17-11 单击图片 6 页面效果

17.5 "故事大王"页面的制作

"故事大王"页面制作布局及方法与"我的相册"页面十分类似,该页面以文字为主,值得强调的是:

(1)故事大王相关页面建立在文件夹"story"下。

(2)页面中文字的样式应选择"zhengwen",链接文字的样式选择"link4"。

(3)文字左端增加了小图标的修饰。

(4)无论是有链接的文字还是一般文字,由于都是在单元格中,故单元格的背景图片为 "../images/line.gif",注意文件间的相对路径问题。

"故事大王"页面的制作效果如图 17-12 所示。

图 17-12   "故事大王"页面制作效果

17.6   "爱听的歌"页面的制作

该页面制作布局及方法与上述页面相似，但页面以 flash 为主，读者在制作过程中需注意以下几个方面的问题。

（1）"爱听的歌"页面建立在文件夹"music"下，主文件为"musicList.htm"，该页面设计可参考"story/story.htm"文件，flash 文件夹存放的是页面所需的多媒体文件。

（2）文件 music1.htm 至 music8.htm 中，每个文件都插入一个对应的 flash 文件。

（3）页面中文字的样式应选择"zhengwen"，链接文字的样式选择"link4"。

（4）无论是有链接的文字还是一般文字，由于都是在单元格中，故单元格的背景图片为"../images/line.gif"，注意文件间的相对路径问题。

（5）在步骤（4）所述的文件中，选择"插入记录"→"媒体"→"flash"命令，在相应的单元格内实现 flash 文件的插入。

"爱听的歌"页面的制作效果如图 17-13 所示，单击其中的链接，如"菠萝菠萝蜜"，弹出的页面如图 17-14 所示。

图 17-13   "爱听的歌"页面制作效果

图 17-14   单击"菠萝菠萝蜜"歌曲页面的效果

17.7　"学习园地"页面的制作

"学习园地"页面布局与"爱听的歌"页面最为相似，都是插入 flash 文件，故其注意事项与 17.4 节相同，但仍需注意文件之间的相对路径问题。有关"学习园地"页面的制作效果如图 17-15 所示，单击页面上正文链接的页面效果如图 17-16 所示。

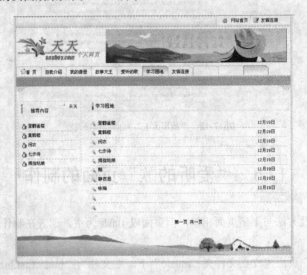

图 17-15　"学习园地"页面的制作效果

图 17-16　单击拇指姑娘页面的效果

17.8　"友情链接"页面的制作

"友情链接"页面布局、logo 图片的插入和选项卡的制作与上述内容相同，这里仅给出该页面相关表格的设计内容。

（1）选择"插入记录"→"表格"菜单项。

（2）在表格定义对话框中，设定表格的属性：4 行 4 列，宽为 80%，间距为 2，边框为 0，其余默认。

（3）选择第一行表格，单击属性检查器中的单元格合并按钮 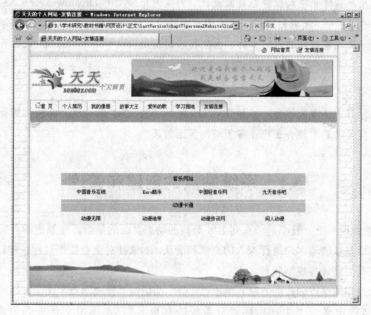，使其变为 1 列，背景颜色设置为"#ADDE8C"，高 30，输入文字"音乐网站"，样式为"biaoti1"。

（4）表格第二行背景颜色为"f5f5f5"，高 30，分别输入相应的文字链接。

（5）第三行设置与步骤（3）相同。

（6）第四行设置与步骤（4）相同。

"友情链接"页面的设计效果如图 17-17 所示。

图 17-17 "友情链接"页面的制作效果

第18章 生产指挥管理系统静态页面

设计综合实例

【内容】

本章通过"生产指挥管理系统静态页面设计"的实例介绍使用 Dreamweaver CS3 制作网页的方法，在制作网页的过程中，读者可以进一步巩固前面各章所学的内容。本章重点介绍站点的创建和管理、利用表格及 AP 元素对页面进行布局、框架技术的应用以及利用 javascript 实现表单提交过程中的数据校验问题。

【目的】

通过本章的学习，读者能够进一步加强对 Dreamweaver CS3 的认识，并能够综合运用它的各项功能，制作具有交互功能、符合工程业务管理的页面效果。

18.1   系统站点的创建和管理

基于 Web 的管理系统一般都是一系列 B/S 架构的动态页面的集合，在系统的开发分析阶段，需要快速开发出其原型以便与客户进行深入的交流和确认。本章针对企业生产过程管理问题，探讨其系统管理模块静态页面设计与规划问题。

根据第 3 章介绍的站点创建的方法，单击"文件"面板组"管理站点"选项，在站点基本定义对话框中将站点名称定义为"生产指挥管理系统静态页面"，本地根文件夹确定为"C:\Program Files\Apache Group\Tomcat 4.1\webapps\ROOT\tryThing\capds"，然后创建系列文件夹和文件，该系统的站点地图如图 18-1 所示。

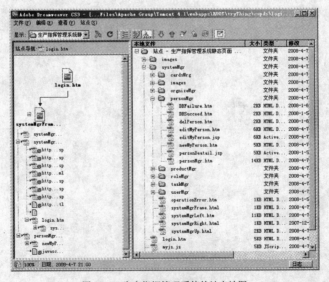

图 18-1   生产指挥管理系统的站点地图

18.2   页面 CSS 样式层叠表文件的编制

选择"新建"菜单，在弹出的对话框中选择页面类型为"CSS"。单击"首选参数"按钮，在弹出的"首选参数"对话框中，选择"新建文档"，默认编码确定为"简体中文 GB2312"，效果如图 18-2 所示。该样式文件保存在站点根目录下，名称为"pageType.css"，本章用的最多样式为表单按钮样式 "Bsbttn"，请读者在本章的学习中自行体会。

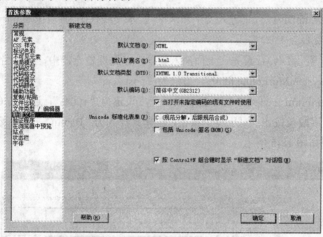

图 18-2   页面首选参数的确定

```
1   body    {font-family:宋体,MS SONG,SimSun,tahoma,sans-serif; font-size:9pt;color:#000000;
    margin-top:5px;margin-left:10px;margin-right:10px;margin-bottom:2px;background-color:
    #ffffff}
2   input   {font-family:宋体,MS SONG,SimSun,tahoma,sans-serif; font-size:9pt}
3   TABLE   {font-family:宋体,MS SONG,SimSun,tahoma,sans-serif; font-size:9pt;border:0px}
4   a       {color:#000099}
5   .textarea {font-family:宋体, BORDER-BOTTOM:1px solid; BORDER-LEFT:1px solid;  BORDER-RIGHT
    :1px solid; BORDER-TOP:1px solid;}
6   .textbox { BORDER-BOTTOM:1px solid; BORDER-LEFT:1px solid;  BORDER-RIGHT:1px solid;
    BORDER-TOP:1px solid;}
7   .title  {font-family:宋体,MS SONG,SimSun,tahoma,sans-serif;font-size:10.5pt;color:#104A7B;
    font-weight:NORMAL}
8   .Wf     {font-family:宋体,MS SONG,SimSun,tahoma,sans-serif;font-size:9pt}
9   .ns4Wf  {font-family:宋体,MS SONG,SimSun,tahoma,sans-serif;font-size:10.5pt}
10  .menu   {font-family:宋体,MS SONG,SimSun,tahoma,sans-serif;font-size:9pt;color:#000066;
    font-weight:NORMAL;text-decoration:none}
11  TR. H   {BACKGROUND-COLOR: #C3D6E6}
12  .bttntext {font-family:宋体,MS SONG,SimSun,tahoma,sans-serif;font-size:9pt;font-weight:
    NORMAL;color:#336699;text-decoration:none}
13  .Bsbttn {font-family:宋体,MS SONG,SimSun,tahoma,sans-serif;font-size:10pt;background:
    #D6E7EF;border-bottom: 1px solid #104A7B;border-right: 1px solid #104A7B;border-left: 1px
    solid #AFC4D5;border-top:1px solid #AFC4D5; color:#000066;text-decoration:none;cursor:
    hand}
14
```

图 18-3   CSS 样式表详细内容

18.3   系统登录页面的设计

在根目录下"新建文档" login.htm 作为整个系统的首页，该页面设计过程如下：

（1）单击 CSS 面板组 ，以链接的形式引入 CSS 样式表文件 pageType.css，页面中代码为：<LINK href="pageType.css" type=text/css rel=stylesheet>。

（2）单击"布局"工具栏上的按钮 绘制 AP Div，在属性检查器中确定其属性：左 11px，上 6px，宽 957px，高 120px，id 为 apDiv4。

（3）参考步骤（1）绘制 AP 元素 apDiv1、apDiv2、apDiv3，apDiv1 的属性为：左 10px，上 302px，

宽 959px，高 80px，id 为 apDiv1；apDiv2 的属性为：左 300px，上 158px，宽 959px，高 30px，id 为 apDiv2，背景颜色为#0099CC；apDiv3 的属性为：左 300px，上 190px，宽 377px，高 109px，id 为 apDiv3。

（4）选择 AP 元素 apDiv4，在其上插入 logo 图片 "images/capds.jpg"。

（5）选择 AP 元素 apDiv2，插入 Div 标签，并使 align 属性为 "center"，在 Div 中插入具有跑马灯的文字，关键代码如下：<MARQUEE behavior=alternate>欢迎进入网络化生产指挥管理系统</MARQUEE>。

（6）选择 AP 元素 apDiv1，分别键入文字和水平线，水平线代码为：<HR align=center width="80%" noShade SIZE=1>。

（7）选择 AP 元素 apDiv3，首先在上面插入表单，在属性检查器中，表单名称为 "loginForm"，动作为 "systemMgr/systemMgrFrame.html"，方法为 "post"。

（8）在表单 loginForm 中插入 3 行 1 列表格，宽度设定为 "100%"，边框为 0；在表格里分别插入所需的文字、文本字段及按钮；对于三个按钮，选择其样式为 "Bsbttn"，插入表格后效果如图 18-4 所示，整个页面效果如图 18-5 所示。

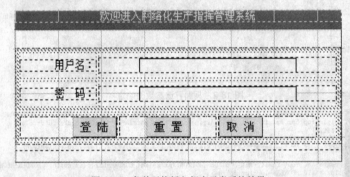

图 18-4　各单元格插入相应元素后的效果

图 18-5　系统登录页面设计效果

（9）页面行为的处理。

● 登录按钮的行为处理。在 Dreamweaver 设计视图中，选择页面的 "登录" 按钮，通过快捷键 "Shift+F4" 显示行为面板，添加鼠标单击事件处理方法，如图 18-6（a）所示。

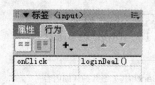
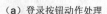
（a）登录按钮动作处理

（b）重置按钮动作处理

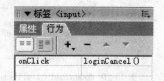
（c）取消按钮动作处理

图 18-6 按钮行为的添加

在 login.htm 的标签符<head>与</head>之间，添加脚本代码，并将 loginDeal（）的具体代码嵌入到以下标签符之间，即

```
<SCRIPT language=JavaScript type=text/javascript>
function loginDeal(){
……
}
</SCRIPT>
```

该动作处理函数的详细内容如图 18-7 所示，其中 14 行到 18 行用以判断用户单击登录提交表单 loginForm 时，输入的用户名是否为空。如果为空将出现如图 18-8 所示的提示框，否则代码往下执行；19 行到 24 行用以判断用户单击登录提交表单 loginForm 时，输入的密码是否为空。如果为空将出现如图 18-9 所示的提示框，否则代码往下执行；第 25 行是用 javascript 提交表单的语句。

```
13  function loginDeal(){
14      if (loginForm.textfieldUserName.value == ""){
15          alert("请输入用户名！");
16          loginForm.textfieldUserName.focus();
17          return ;
18      }
19      if (loginForm.textfieldPssWord.value == ""){
20
21          alert("请输入密码！");
22          loginForm.textfieldPssWord.focus();
23          return ;
24      }
25      loginForm.submit();
26  }
```

图 18-7 loginDeal（）函数的详细内容

图 18-8 用户名为空弹出的提示框   图 18-9 密码为空弹出的提示框

● 重置按钮的行为处理。选择页面的"重置"按钮，通过快捷键"Shift+F4"显示行为面板，添加鼠标单击事件处理方法，如图 18-6（b）所示。该按钮的动作处理函数 loginreset（）具体代码位于 loginDeal（）函数之后，代码具体内容如图 18-10 所示，主要用以将输入的用户名和密码的文本框清空。

● 取消按钮的行为处理。选择页面的"取消"按钮，通过快捷键"Shift+F4"显示行为面板，添加鼠标单击事件处理方法，如图 18-6（c）所示。该按钮的动作处理函数 loginCancel（）具体代码位于 loginreset（）函数之后，代码具体内容如图 18-11 所示，主要用以整个页面重新加载。

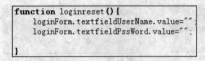

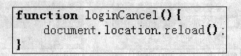

图 18-10　loginreset（）函数的详细内容　　　图 18-11　loginCancel（）函数的详细内容

18.4　人员管理页面的设计

为了实现页面之间交互，本章使用框架技术完成左侧页面上功能链接与右侧具体功能内容的对应。

18.4.1　框架集文件的建立

（1）打开 Dreamweaver CS3 如图 2-14 所示的"新建文档"对话框，新建一网页。

（2）光标激活设计窗口，把"常用"工具栏切换到"布局"工具栏，单击"框架"图标，选择"顶部与嵌套的左侧框架　"。

（3）在"框架"面板中选择刚创建的框架集，在如图 8-9 所示的框架集属性面板中，其属性设置为：边框：否，边框宽度：0，行：120 像素。

（4）选择框架集嵌套的框架子集，将其属性设置为：边框：否，边框宽度：0，列：205 像素。

（5）在"框架"面板中，选择顶部的框架，在属性检查器中确定其属性，框架名称：topFrame，滚动：否，源文件：systemMgrUp.html。

（6）在"框架"面板中，选择底部左侧的框架，在属性检查器中确定其属性，框架名称：leftFrame，滚动：否，源文件：systemMgrLeft.htm。

（7）在"框架"面板中，选择底部右侧的框架，在属性检查器中确定其属性，框架名称：mainFrame，滚动：否，源文件：personMgr/personMgr.htm。

（8）选择"文件"→"保存全部"命令，框架集及三个框架文件位于站点相应的位置，文件名称分别为：systemMgrFrame.html，systemMgrUp.html，systemMgrLeft.htm，personMgr/personMgr.htm。

（9）"框架"面板显示的结果如图 18-12 所示。

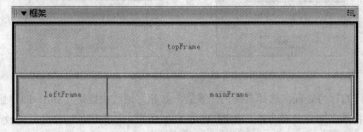

图 18-12　框架集创建的结果

18.4.2　系统功能页面的设计

（1）打开 Dreamweaver CS3 如图 2-14 所示的"新建文档"对话框，新建网页 systemMgr/ systemMgr Left.htm。

（2）单击 CSS 面板组 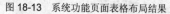，以链接的形式引入 CSS 样式表文件 pageType.css，页面中代码为：<LINK href=" images/main.css" type=text/css rel=stylesheet>。

（3）选择"查看"→"布局模式"菜单项，利用绘制表格按钮 ▢ 和绘制单元格按钮 ▤，页面布局结果如图 18-13 所示。

（4）用鼠标单击功能图片区，插入图片 images/ adm_head. Jpg。

（5）在操作菜单标题区输入文字"操作菜单"，并在其右单元格插入图片"images/down.gif"。

（6）在操作项目区右侧单元格输入相应功能文字，在左侧单元格插入相对应的图片。

（7）在系统操作标题区左侧单元格输入文字"系统操作"，在右侧单元格插入图片"images/up.gif"。

（8）在登录信息标题区左侧单元格输入文字"登录信息"，在右侧插入图片"images/ down.gif"。

（9）在登录信息项目区右侧单元格输入相应的功能文字，在左侧单元格插入相对应的图片。

（10）给操作菜单项和登录信息项添加相应的超链接，如选择文字"人员管理"，在属性检查器中定义属性为：链接为 personMgr/personMgr.htm，目标为 mainFrame，页面最终的设计效果如图 18-14 所示。

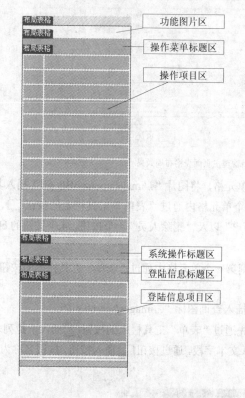

图 18-13 系统功能页面表格布局结果 　　　图 18-14 系统功能页面最终设计效果

18.4.3 人员管理主页面的制作

单击上一节设计的功能页面中的人员管理超链接，按照要求，在该框架集右侧框架 mainFrame 中打开人员管理主页面。

（1）打开 Dreamweaver CS3 如图 2-14 所示的"新建文档"对话框，新建一网页 systemMgr/

systemMgrRight.html。

（2）单击 CSS 面板组 ，以链接的形式引入 CSS 样式表文件 pageType.css，页面中代码为：<LINK href="../../pageType.css" type=text/css rel=stylesheet>。

（3）单击"表单"工具栏上的表单按钮，在页面上插入一表单，其名称为 main。

（4）选择"查看"→"布局模式"菜单项，利用绘制表格按钮 和绘制单元格按钮 在表单内绘制布局表格和单元格，页面布局结果如图 18-15 所示。

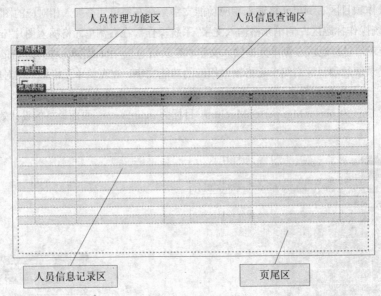

图 18-15　人员管理主页面表格布局效果

（5）光标定位在人员管理功能区第一个单元格，将图片"../images/personBig.gif"插入其中；在第二个单元格输入文字"人员管理"；在第三个单元格内通过"表单"工具栏上的按钮 ，连续插入"新增人员""修改人员信息""创建系统用户"以及"删除人员"4 个按钮，4 个按钮的 class 属性为"Bsbttn"，type 属性为"button"。

（6）光标定位在人员信息查询区，在左侧第一个单元格中通过"表单"工具栏上的按钮 插入复选框，并紧随其后键入文字"全部选择"。

（7）在人员信息查询区第二个单元格中插入查询图标"../images/search.gif"。

（8）在人员信息查询区第三个单元格首先通过"表单"工具栏上的按钮 插入下拉列表，下拉列表的定义如图 18-16 所示。通过按钮 插入文本字段，通过按钮 插入按钮，按钮名称为"查询"，class 属性为"Bsbttn"。

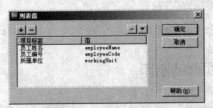

图 18-16　查询类型下拉列表的设定内容

（9）在人员信息记录区插入 15 行 6 列的表格，表格宽度为 100%，间距为 0，边框为 0，并在其上输入表头和表格内容。

（10）在页尾区输入文字和水平线，并在相应位置插入图片"../images/nextPage.gif"和"../images/previousPage.gif"，以实现翻页图标功能。

（11）最后页面效果如图 18-17 所示，设计完成保存文件，然后选择"文件"→"另存为模板"菜单项，选择文件名称后将在"文件"面板组资源选项查看到模型信息，如图 18-18 所示。有关利用模板创建相似页面的问题可参考第 14 章模板与库中第一个实例的介绍。

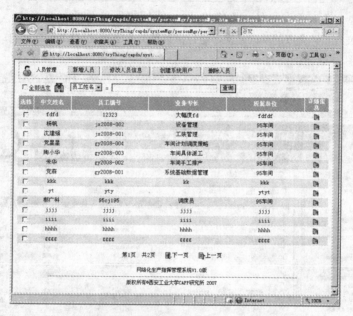

图 18-17　人员管理主页面最终设计效果

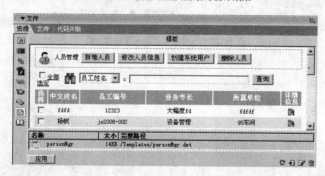

图 18-18　人员管理主页面模板的查看

18.4.4　logo 页面的制作

（1）打开 Dreamweaver CS3 如图 2-14 所示的"新建文档"对话框，新建一网页 systemMgr/systemMgrUp.html。

（2）插入 1 行 2 列的表格，宽度为"100%"，填充、边框及间距的属性皆为 0。

（3）选择左侧单元格，插入 logo 图片"../images/systemMark.jpg"，设定图像高为 985，宽为 100。

（4）光标定位在右侧单元格，选择"插入记录"→"媒体"→"flash"命令，在属性检查器中设置其属性为：宽 90，高 90，文件"../images/clock.swf"，最终效果如图 18-19 所示。

图 18-19　logo 页面制作效果

在上述框架文件设计完成的基础之上，运行框架集文件 systemMgrFrame.html，人员管理页面的最终设计结果如图 18-20 所示。

图 18-20　人员管理页面最终设计效果